乡村振兴高素质农民培育教材

中国食用豆类
生产实用技术

刘学勤　主编

中国农业大学出版社
·北京·

内 容 简 介

本教材采用“项目—任务”式课程设计理念，分为认识食用豆类、蚕豆生产、豌豆生产、绿豆生产、小豆生产和豇豆生产六个项目。每个项目设置若干任务，每个任务介绍不同食用豆类的生长发育特点、我国生产上常见的食用豆类品种以及生产实用技术要点，引导学生进行基础理论学习并辅以实践训练，达到熟悉概念、理解概念和学会技能的目的。为了方便学生学习，每个项目前设有学习目标，每个项目后附有课外小知识以及复习思考题。

本教材内容丰富、资料翔实，按照工学结合理念，做到理论与实践相结合，实用性、针对性和操作性强，可作为高等职业院校农学、作物、现代农业技术、植保等专业教材，也可作为五年制高职植物生产类专业教材，还可供全国作物生产技术人员和管理人员学习参考。

图书在版编目(CIP)数据

中国食用豆类生产实用技术 / 刘学勤主编. -- 北京：中国农业大学出版社，2023.12
ISBN 978-7-5655-3109-5

Ⅰ.①中…　Ⅱ.①刘…　Ⅲ.①豆类作物—生产技术—中国　Ⅳ.①S52

中国国家版本馆 CIP 数据核字(2023)第 228560 号

书　　名　中国食用豆类生产实用技术
作　　者　刘学勤　主编

策划编辑　张　玉　　　**责任编辑**　张　玉　程书萍
封面设计　李尘工作室
出版发行　中国农业大学出版社
社　　址　北京市海淀区圆明园西路 2 号　　**邮政编码**　100193
电　　话　发行部 010-62733489，1190　　读者服务部 010-62732336
　　　　　编辑部 010-62732617，2618　　出　版　部 010-62733440
网　　址　http://www.caupress.cn　　**E-mail**　cbsszs@cau.edu.cn
经　　销　新华书店
印　　刷　涿州市星河印刷有限公司
版　　次　2023 年 12 月第 1 版　2023 年 12 月第 1 次印刷
规　　格　185 mm×260 mm　16 开本　7.5 印张　147 千字
定　　价　45.00 元

编审人员

主　编　刘学勤

副主编　崔晓霞　孟　珊

编　者　（以姓氏笔画为序）

　　　　刘学勤　孟　珊　崔晓霞

审　稿　吕　佳

前　　言

党的二十大报告指出,“全国推进乡村振兴”“全方位夯实粮食安全根基”。食用豆类是粮菜兼用的作物,我国是食用豆类生产和消费大国,食用豆类在我国的栽培历史悠久,栽培种类包括蚕豆、豌豆、绿豆、小豆、豇豆、菜豆等豆类作物。相当多的食用豆类品种生育期短、播种适期长、适应性广、抗逆性强,且具有较好的固氮能力,是禾谷类作物、棉花、薯类等间作套种的适宜作物和前茬作物,也是良好的救荒作物和填闲作物。

食用豆类种子的蛋白质含量多为20%～30%,少数豆种的蛋白质含量高达30%～40%,比禾谷类作物高2～4倍。随着人们生活水平的不断提高,对食用豆类的需求逐渐增加,因此通过各种先进生产技术来提高食用豆类的产量就显得越来越迫切。

《中国食用豆类生产实用技术》首先让大家了解什么是食用豆类,然后根据在中国的种植面积和产量依次介绍蚕豆、豌豆、绿豆、小豆和豇豆5种食用豆类的生产技术。本教材按照高等职业教育的要求,以够用和实用为原则,突出对学生职业能力的训练要求,在编写过程中按照“项目—任务”的结构进行编写。全教材分为6个项目,理论知识的选取紧紧围绕工作任务的需要,以适应高等职业教育工学结合人才培养模式的要求。项目设计以实践教学为主线,根据我国食用豆类的生长特点,重点讲解生产实践技能,突出对学生职业能力的训练。每个项目设置了学习目标、任务实施、实践训练和复习思考等环节。本教材在编写过程中,总结和吸纳了食用豆类生产的基础理论和最新研究成果,便于学生系统地掌握食用豆类生产的基础知识和技术技能。

本教材由刘学勤(江苏农林职业技术学院)主编。具体编写分工为:项目一由孟珊（江苏省农业科学院）编写；项目二、项目三和项目五由刘学勤编写；项目四和项目六由崔晓霞（江苏农林职业技术学院）编写。全书由刘学勤统稿。北京大学的吕佳对本教材进行了审稿。本教材在编写过程中得到“第二批国家级职业教育教师教学创新团队课题研究项目（项目编号：ZH2021100201）”和“江苏高校青蓝工程”资助。

本教材在编写人员的共同努力下完成，但由于编者的知识和经验有限，教材中难免有疏漏之处，加之各地自然条件千变万化，在使用时需因地制宜、因时制宜，选择适合本地的高产栽培技术，促进本地区食用豆类的生产和发展。同时恳请使用本教材的师生和读者不吝赐教，发现并及时反馈问题，以便进一步修订。

编　者

2023 年 7 月

目　　录

项目一　认识食用豆类

学习目标

知识目标

•了解食用豆类的特点，食用豆类的生产价值，食用豆类在我国的产业发展现状和趋势，熟悉食用豆类的生理基础和栽培技术原理。

能力目标

•能说出我国主要的食用豆类；能说出食用豆类在我国国民经济中的重要性；能简要阐述食用豆类的生理基础和栽培技术要点等。

任务一　食用豆类的特点

食用豆类（food legumes）是指以收获干鲜籽粒供人类食用的各种豆类作物，均属豆科蝶形花亚科。大豆和花生在我国习惯上不包括在食用豆类之中。目前在我国栽培的食用豆类主要有蚕豆、豌豆、绿豆、小豆、豇豆、饭豆、普通菜豆、多花菜豆、利马豆、小扁豆、鹰嘴豆、扁豆、木豆、黎豆、四棱豆、香草豌豆（山黧豆）、瓜尔豆、刀豆、直立刀豆、黑吉豆和羽扇豆，共 21 个豆种，分布在 14 个属。根据出苗时子叶是否出土，可分为子叶出土（绿豆、普通菜豆、豇豆、利马豆、扁豆等）和子叶留土（蚕豆、豌豆、小豆、饭豆、小扁豆、鹰嘴豆、多花菜豆、木豆等）2 种类型；根据生长季节可分为冷季豆类（蚕豆、豌豆、鹰嘴豆、小扁豆等）、暖季豆类（普通菜豆、小豆、多花菜豆、利马豆、扁豆等）和热季豆类（绿豆、豇豆、饭豆、木豆等）3 种类型；根据对光周期的反应可分为长日性豆类（冷季豆类）、中日性豆类和短日性豆类（热季豆类和暖季豆类）。

中国栽培的食用豆类种类繁多，分布广泛，种植历史也很悠久。中国是蚕豆、豌豆、绿豆、普通菜豆、小豆、豇豆等食用豆类的主产国，其中小豆和绿豆的种植面积、总产量、出口量均居世界首位。中国也是绿豆、小豆、饭豆、豇豆的起源和遗传多样性中心。食用豆类不仅经济利用价值高，还是我国重要的传统出口产品，已成为许多地区农民脱贫致富的重要经济来源。有不少生育期短、适应性广、抗逆性强的食用豆类，是禾谷类作物、薯类、棉花、幼龄果树等间作套种的适宜作物和前茬作物，也是良好的填闲作物和救灾作物，在农业种植结构调整中占有重要地位。

1. 食用豆类的形态特点

除木豆（木本植物）外，食用豆类均为草本植物，且多为一年生或越年生，少数豆类如多花菜豆和四棱豆在热带和亚热带时可为多年生，木豆中也有多年生者。食用豆类的生长习性不一，有的豆种有直立、半蔓生和蔓生 3 种生长习性，有的只有直立生长习性，而有的只有蔓生生长习性。食用豆类的真叶类型有羽状复叶、羽状三出复叶、三出复叶、掌状复叶等，而初生叶一般均为两片单叶。花序分为有限花序和无限花序两类。花形均为蝶形花冠，由一片旗瓣、两片翼瓣、两片龙骨瓣组成。有的豆类具有几种花色，有的仅有一种花色。花中雌蕊均为一枚，柱头上部弯曲或扭曲，雄蕊均为 10 枚，且多为二体（9+1），成熟花药为黄色。多数豆种为自花授粉，少数如蚕豆和多花菜豆为常异花授粉。食用豆类的果实为荚果（豆荚），果皮为荚皮。荚果有背缝和腹缝，或只有二者之一。荚果内含有多粒种子，鹰嘴豆荚内通常仅有 1～2 粒种子，小扁豆多含有 2 粒种子。种子多由胚和两片子叶组成，无胚乳。一般均具有较为明显的种脐，种脐颜色和形状多样，颜色有黑色、褐色、黄色等，形状有圆形、椭圆形、长椭圆形等。种皮颜色也多种多样，有单色、复色、花斑色等。种子粒形也很多，有圆形、椭圆形、长椭圆形、肾形、阔肾形、桃形、扁圆形等。种子发芽过程中，子叶有出土和不出土 2 种类型，这是区别不同豆种的一个重要特征：有些豆类发芽时下胚轴伸长将子叶顶出土壤表面，如绿豆、普通菜豆、利马豆等；有些豆类发芽时下胚轴不延长，子叶不出土，如蚕豆、豌豆、小豆、多花菜豆、饭豆、小扁豆、鹰嘴豆、木豆等（图 1-1）。按对光周期的反应可分为 3 类，短日性的有绿豆、小豆、豇豆、饭豆、木豆等；中日性的有多花菜豆等；长日性的有蚕豆、豌豆、小扁豆、鹰嘴豆等。普通菜豆和利马豆兼具短日性和中日性，说明这两种豆类对光周期长短的适应范围较广。

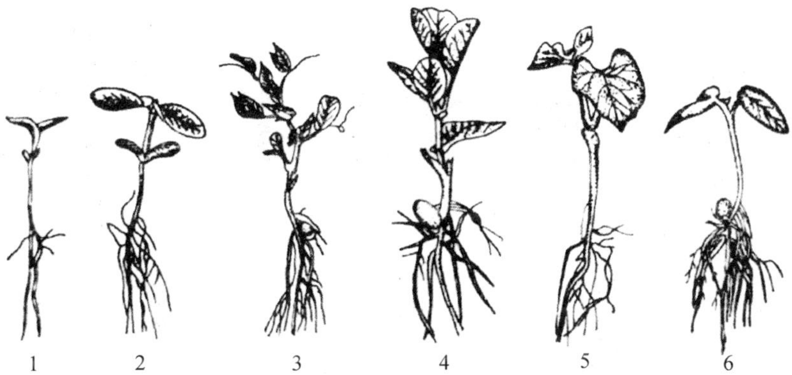

图 1-1　豆类作物的幼苗

1. 绿豆　2. 大豆　3. 豌豆　4. 蚕豆　5. 菜豆　6. 小豆

资料来源：郑卓杰，《中国食用豆类学》，1997

2. 食用豆类均有根瘤菌共生

与根瘤菌共生是豆科作物的一大生理特征。根瘤菌（Rhizobium）是一类广泛存在于土壤中的革兰氏阴性细菌，它可以侵染豆科植物根部，形成共生固氮体系（根瘤），固定空气中的游离态氮，形成植物可吸收利用的化合态氮素营养，同时也增加了土壤中的氮素肥源（图 1-2）。根瘤菌与豆科植物的共生体系是生物固氮效率最高的，占全球生物固氮总量的 65％以上，因此豆科作物有天然氮肥工厂的美誉。在各种轮作制度中食用豆类是不可或缺的重要组成，在农业生产和固氮生态体系中起着极其重要的作用，对农业可持续发展有着重要意义。

3. 食用豆类属于高蛋白型作物

与禾谷类作物相比，食用豆类籽粒中蛋白质含量较高，这是食用豆类的又一主要特征。豆类籽粒蛋白质含量一般为 20％～30％，四棱豆和羽扇豆籽粒蛋白质含量可高达 40％。另外，食用豆类所含蛋白质为全价蛋白质，其氨基酸组成齐全，含有赖氨酸、色氨酸、蛋氨酸、亮氨酸、异亮氨酸、苯丙氨酸、苏氨酸和缬氨酸等 8 种人体自身不能合成而必须从外界摄取的氨基酸。其中赖氨酸含量尤为丰富，蛋氨酸含量较少。这与禾谷类作物中蛋氨酸含量丰富、赖氨酸含量较少正好相反。因此在利用上二者可互补，共同食用可提高人体蛋白质功效比值（PER）。

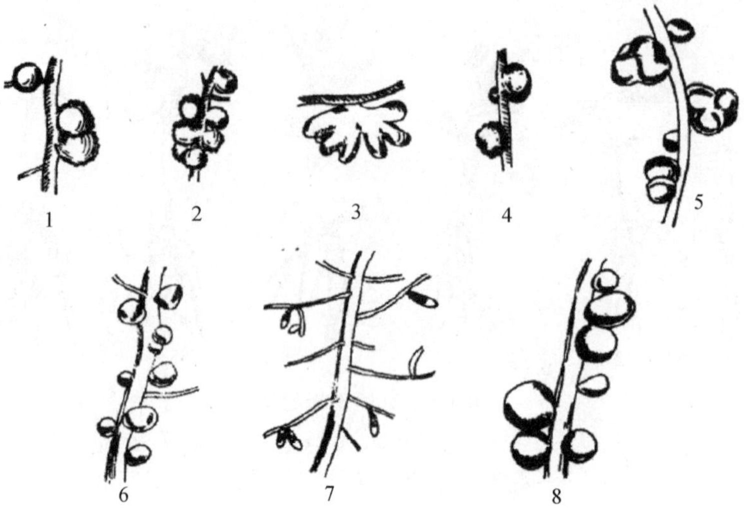

图 1-2　8 种豆类作物的根瘤

1. 大豆　2. 蚕豆　3. 豌豆　4. 花生　5. 小扁豆　6. 菜豆　7. 紫苜蓿　8. 豇豆

资料来源：郑卓杰，《中国食用豆类学》，1997

任务二　食用豆类在我国国民经济中的作用和地位

食用豆类营养丰富，是人类和畜禽重要的植物蛋白来源，与其共生的根瘤菌又能固定空气中的氮素进而培肥土壤，因此被誉为养人、养畜、养地的“三营养”作物，在人民生活与国民经济发展中占有重要地位。我国是世界上种植食用豆种类较多的国家，原产于我国的绿豆和小豆（均占世界总量 30%以上）的种植面积、总产量和出口量均居世界首位，蚕豆生产占世界总量的 40%左右，豌豆生产占世界总量的 14%左右。我国食用豆种植范围遍及全国，产区主要集中在华北北部、东北、西北、西南等生态和经济条件较差的丘陵地区。由于特殊的地理、环境等原因，我国生产的食用豆类质量上乘，在国际市场上具有较强的价格优势，是当地农民重要的经济来源和欠发达地区农民脱贫致富的首选作物。

一、食用豆类在农业生产中的作用

食用豆类在整个农业生产中占有重要的地位和作用，这种地位和作用首先表现在食用豆类均有共生固氮根瘤菌，各种根瘤菌固定的氮素，一部分为根瘤菌本身利用，一部分为豆类作物利用。由于食用豆类的根、茎、叶在收获时有相当一部分留在土壤中，又增加了土壤中的氮素和有机质，对以后的作物生产有增产效果。因此，种植食用豆类是培肥地力的有力手段。

食用豆类一般均属蝶形花亚科，而90%的蝶形花亚科的植物可以生长根瘤。固氮是食用豆类中植物营养常见的现象，这种共生根瘤的生成是以*Rhizobium*属的细菌与豆科植物相结合为基础的。土壤中的根瘤菌种类很多，但不是任何根瘤菌都可以在任何植物的根部形成根瘤。根瘤菌在形成根瘤时有专化性，根据根瘤菌侵染的豆科植物的不同，可以分为几个种或接种群，主要栽培豆科作物的根瘤菌种如表1-1所示。种植食用豆类时，为了提高食用豆类产量和给土壤留下较多的氮素营养，以增加后作的产量，应当根据不同的豆类接种不同的根瘤菌种。

表1-1 根瘤菌及其特性

根瘤菌种	接种作物	根瘤特性
Rhizobium meliloti（苜蓿组）	苜蓿属、草本樨属、葫芦巴属	椭圆形，较小，常聚集成花瓣状，易从根上脱落
Rhizobium trifolii（三叶草组）	三叶草属	椭圆形，较大，易脱落
Rhizobium leguminosarum（豌豆组）	巢菜属、山黧豆属、小扁豆属、豌豆属	圆形或椭圆形，有时聚集成花瓣状
Rhizobium phaseoli（菜豆组）	普通菜豆	圆形，牢固地着生于根上
Rhizobium lupini（羽扇豆组）	羽扇豆属、鸟足豆	圆形，较小
Rhizobium japonicum（大豆组）	大豆	圆形，单个生长，皮厚，牢固地着生于根上
Rhizobium cowpea（豇豆组）	豇豆属、花生属、刀豆、木豆、鹰嘴豆、四棱豆、利马豆	圆形，单个生长，皮厚，牢固地着生于根上

资料来源：郑卓杰，《中国食用豆类学》，1997年

蝶形花亚科的每个豆种，一般每年可平均固氮200千克（表1-2）。豇豆每年固氮73～354千克/公顷，豌豆55～77千克/公顷，蚕豆45～552千克/公顷，绿豆63～342千克/公顷（每千克氮相当于3千克尿素）。种植食用豆类后，不但增加了土壤中的氮素，也因根系和有机质的作用，增加了土壤的疏松性，改良了土壤的物理性质。蚕豆和豌豆在土壤中留下的剩余氮素最多。剩余氮素与作物产量存在直接关系。在种植豆类作物后，后茬作物可以吸收更多的氮素，地上部分及籽粒产量会更高，田间的氮肥施用量更少，在某些情况下可

使后作栽培成本下降30%以上。

表 1-2　食用豆类固定的氮量　［千克/（公顷）］

豆类	平均	范围	豆类	平均	范围
蚕豆	210	45～552	鹰嘴豆	103	—
豌豆	65	55～77	小扁豆	101	88～114
绿豆	202	63～342	直立刀豆	49	—
豇豆	198	73～354	羽扇豆	126	145～208
木豆	224	168～280			

资料来源：郑卓杰，《中国食用豆类学》，1997

食用豆类能丰富土壤中的氮，并能将化学肥料的使用量限制到很低的程度，因此食用豆类在农业生产中的重要地位和作用还体现在其可与非豆类作物倒茬轮作、填闲复种、间作套（混）种等方面，是当前农业种植结构调整和改良土壤结构的优良作物。我国食用豆种类繁多，分布广泛，特性各异，在长期的栽培驯化过程中，形成了对特定生态环境的特殊适应能力。蚕豆和豌豆适于高寒地区与非豆科作物轮作倒茬以及南方冬季稻茬填闲种植；鹰嘴豆和小扁豆适于干旱贫瘠土壤冷季栽培；绿豆、小豆、普通菜豆、豇豆、饭豆、多花菜豆、利马豆和扁豆等适于温带和暖温带夏季与非豆类作物轮作倒茬或间作套种；木豆适于长江流域及以南各省（市、自治区）荒山荒坡种植等。在有灌溉的条件下，将豆类作物作为第二茬作物加入谷物作物轮作之中，每3年一轮，可提高蛋白质的年平均产量。如果在轮作中增加豆类作物的比例，就可以用少量的氮素化肥而获得单位面积上较高的平均蛋白质产量。在油菜—小麦—豌豆—小麦的轮作中，土壤有机质含量增加，结构稳定性及生产力均提高；而且在轮作中，还可以更好地安排好茬口，更合理地利用劳动力和设备。种植食用豆类，增加的氮素供应量，不经过工业固氮，因此不但成本低，而且不污染环境，在保护人类生存环境方面也有积极意义。收获后豆类的茎、叶和根留于田间，不仅增加了土壤中的氮素营养，还增加了磷、钾、钙、镁等营养元素。

二、食用豆类在人们生活中的作用

食用豆类多属高蛋白、低脂肪、中淀粉食物，并富含B族维生素、多种矿物质及生理活性物质，还具有清热解暑、消炎解毒、保肝明目、降血脂、调血糖、抗氧化、防癌变、补气血等多种医疗作用，属于粮菜兼用、药食同源作物，是人类理想的营养保健食品和传统饮食加工的优质原料。

食用豆类的栽培历史与禾谷类栽培历史一样长久，约从公元前6 000年起，豆类就开始成为人类的食品。由于人口迁移、贸易往来和战争，许多豆类自原产地或起源中心传播到了全世界。在畜牧业不发达的时代，豆类是人类最主要的蛋白质营养来源；畜牧业发展起来后，食用豆类一方面直接作为人类的食品，一方面用于饲养畜禽，将植物蛋白质转化成为动物蛋白质，继而提供给人类食用，改变了人类食物的构成。人类对于食用豆类的直接消费利用的途径可以概括为6个方面：①利用成熟的干种子；②利用绿色成熟的和未成熟的种子；③利用未成熟的豆荚；④利用发芽的种子；⑤利用豆类发酵产品；⑥提取种子的蛋白质进一步加工利用。随着食品工业的发展，食用豆类除制成罐头、冷冻、磨粉、生豆芽等外，还可成为蛋白质食品的来源，如制成植物肉和植物奶。食用豆类在工业上，如造纸、纺织、石油化工、医药等方面均有广泛利用。在全世界，豆类供人类食用的植物蛋白占全部食用蛋白质的22%。

在中国，食用豆类在人们的生活中具有重要作用。目前中国的动物性蛋白质供应还远不充分，大量的食用豆类是重要的蛋白质来源。食用豆类历来被人们视为“珍贵的粮食”，有时还作为礼物送人。在日常生活中，食用豆类的利用方式很多。

作为主食：如蚕豆、豌豆、豇豆、绿豆、小豆、小扁豆、饭豆等直接磨成粉或豆瓣，与小麦粉和玉米粉一起做成各种主食品；或与大米一起做成米饭；或单独食用。

作为副食：如以绿豆、豌豆和蚕豆做粉丝、粉条和粉皮；以蚕豆和豌豆做豆瓣。

作为蔬菜：许多豆类均可作为蔬菜食用，如绿豆芽、蚕豆芽、豌豆芽、小扁豆芽、四棱豆、刀豆、豌豆苗等。

制成各种罐头：如以豌豆、蚕豆、菜豆、鹰嘴豆、利马豆等加工制成的各种罐头。

冷冻：如嫩豌豆、嫩蚕豆等冷冻贮藏，作为蔬菜或副食。

制成糕点和小点心：如绿豆、小豆、豌豆、菜豆、豇豆、木豆等制成的各种糕点；用蚕豆、豌豆、鹰嘴豆等制成糖豆、五香豆、兰花豆、爆裂蚕豆、爆裂豌豆；用豌豆制成豌豆黄；用菜豆制成芸豆卷等。

制饮料：如绿豆和豌豆等均可酿制酒，做酒类饮料。

制佐料或调料：如用蚕豆和豌豆等制成酱油和豆瓣酱。

入药：绿豆、小豆、豌豆、白扁豆、刀豆等均可直接入药；黎豆所含左旋多巴和普通菜豆所含血凝集素可用于治疗某些疾病；绿豆有解毒防暑的功效，绿豆汤是夏天高温工作后消暑的绝佳饮品。

任务三　我国食用豆类产业发展现状和趋势

一、我国食用豆类产业发展现状与成效

食用豆类具有生育期短、播种适期长、固氮养地、改良土壤、抗旱、耐瘠、适应性强、易于栽培管理等特点。不论是从传统农业还是从现代化农业的角度来看，都是农业可持续发展的重要组成部分。纵观过去十几年，中国食用豆类种植面积和总产量大幅度增加。2010 年种植干籽粒类食用豆类面积 280.0 万公顷，总产量 400 万吨。2018 年发展到 345.2 万公顷，总产量 550 万吨（表 1-3）。2018 年鲜食蚕豆、豌豆的发展使中国食用豆类种植面积达到 520.6 万公顷，总产量达1 977.4 万吨。蚕豆和豌豆生产在过去 10 年内发生了明显变化，主要是由干籽粒生产转变为鲜食菜用生产。中国近 5 年豌豆常年平均生产面积约 88.2 万公顷，其中，鲜食菜用豌豆生产面积约 49.2 万公顷，占比达到 55.8%。另外，随着一批食用豆新品种、新技术的示范与推广，干籽粒类食用豆类单产水平显著提高，从 2009 年的 1 350 千克/公顷，提高到 2018 年的 1 594.2 千克/公顷，增产幅度为 18.1%。

表 1-3　2009—2018 年中国食用豆种植面积和产量

年份	干籽粒面积（$\times10^4$公顷）	干籽粒总产量（$\times10^4$吨）	干籽粒单产（千克/公顷）	鲜食面积（$\times10^4$公顷）	鲜食总产量（$\times10^4$吨）	鲜食单产（千克/公顷）
2009	300.0	405.0	1 350.0	129.8	1 040.1	8 013.2
2010	280.0	400.0	1 428.6	135.9	1 081.4	7 957.2
2011	346.7	497.0	1 433.5	140.5	1 120.6	7 975.9
2012	333.3	450.0	1 350.1	140.4	1 139.1	8 113.1
2013	333.3	500.0	1 500.2	140.4	1 149.0	8 183.9
2014	346.7	560.0	1 615.3	143.9	1 161.0	8 067.8
2015	337.0	530.0	1 572.7	158.3	1 274.9	8 053.8
2016	337.0	530.0	1 572.7	165.3	1 342.5	8 121.6
2017	344.0	548.0	1 593.0	170.4	1 385.8	8 132.7
2018	345.2	550.0	1 594.2	175.4	1 427.4	8 138.3

资料来源：联合国粮农组织（FAO）和国家食用豆产业技术体系统计

（1）高效栽培技术助推食用豆类提质增产。长期以来，食用豆类一般以人工撒播方式种植，存在栽培方式粗放、良种浪费严重、播种质量差、严重影响产量等问题。在育成食用豆类新品种的基础上，我国优化并改良了传统的栽培

模式，根据不同食用豆类产区的耕作制度和品种特点，研究集成了适于在华北、华东、华中等地利用的间作套种、麦后复播、抗旱节水、冬闲田利用和机械化生产等适应不同种植模式的高产高效及安全生产技术。

高寒地区旱地绿豆/普通菜豆/蚕豆地膜覆盖栽培技术。与传统条播或穴播相比，地膜覆盖可以进行机械化双行精量穴播，可提高播种效率、抑制杂草生长、减轻病害、增加产量、减少劳动力成本等。

蚕豆稻茬免耕直播规模化栽培技术。与传统蚕豆稻茬免耕种植随手点豆相比，蚕豆稻茬免耕直播规模化栽培技术种植密度均匀，蚕豆出苗行距整齐，后期田间管理方便，单株产量高，有效荚多，收获籽粒商品性较好，播种量较小。一方面减少土壤耕作成本，充分利用稻后土壤富余水分和养分免耕直接播种保证出苗；另一方面前作稻秆可以就地覆盖还田，能及时缓解茬口矛盾。

普通菜豆高台大垄密植机械化栽培技术。与传统种植方式相比，高台大垄密植技术提高了普通菜豆品种的抗涝性和抗旱性，通风透光良好，预防病害发生效果显著，稳产性突出，以增加群体数量来获得高产，降低成本，减少环境污染。

绿豆-玉米间作套种栽培技术。与传统栽培相比，绿豆-玉米间作套种栽培技术充分利用了玉米的边行优势与绿豆的耐阴特性，解决了绿豆生产与主粮作物争地的矛盾，提高了田间覆盖率，通过绿豆的覆盖控制了玉米行间杂草，减少了除草剂的使用量。利用绿豆改良土壤，将用地养地结合起来。

麦茬免耕复播绿豆栽培技术。与传统绿豆种植方式相比，小麦收获后复播绿豆不仅投资少、见效快、效益高，提高了土壤肥力，而且还能预防根腐病、茎腐病的发生。

旱地鲜食豌豆免耕套作高效生产技术。与传统栽培相比，该技术一方面有效利用烟草、玉米等前茬作物生产后土壤富余水分和养分，采用免耕直接播种保证出苗；另一方面，利用烟草、玉米的秸秆辅助豌豆攀爬，克服了豌豆茎秆软、易倒伏等问题，解决了豌豆生产中因倒伏引起产量低、产品品质不高、病虫害易发高发等问题。该技术将单位土地面积的效益最大化，并降低了生产成本，缓解了农业生产环境压力。

（2）重要病虫害绿色防控助推食用豆产品质量安全。由于食用豆类品种多，病虫害复杂多样，绝大多数病原或害虫不明确，抗性品种缺乏。通过对全国25个食用豆类主产地区的食用豆类病虫害进行系统调查研究，在国内外首次发现和鉴定了多种食用豆类新病虫害，如首次查明了危害中国食用豆类的豆象种类、分布区域、危害与寄主情况，明确了不同区域、不同豆类的主要病害和虫害，明确了一些重要病虫害的发生规律。开展了利用抗病品种、农业措施、生态调控、生物防治等综合防治研究。研制出豆象田间和仓储物理、化学、生物防控技术，形成技术规程，经在示范县示范，取得很好的豆象防控效果，经济和生态效益明显。研制的绿豆尾孢菌叶斑病、蚕豆赤斑病、豌豆白粉病、菜豆普通细菌性疫病、食用豆病毒病和豆荚螟绿色防控及关键技术等，经示范应用，获得良好的经济和社会效益。食用豆重要病虫害绿色防控促使中国食用豆病虫害防治从盲目乱治到有的放矢综合治理的转变，极大地提高了食用豆类病虫害防治水平。绿色防控技术减少了化学农药的使用，改善了农田生态环境，提高了农产品质量，增加了经济效益，促进了农业可持续发展。

（3）生产机械与技术研究初显成效。由于食用豆类的生长习性、种植区域、种植模式的差异影响了其机械化生产水平，也制约了食用豆类产业的持续高效健康发展。近年来开展的高效机械化生产技术与装备研究，研制出蚕豆精量播种机、麦后免耕播种的绿豆/小豆播种机、适宜干旱冷凉地区的绿豆/小豆覆膜打孔播种一体机、适宜丘陵山区的勺舀式蚕豆精量播种机、适宜小面积播种的小型手推式播种机、适宜丘陵山区及大规模种植的双行自走式割晒机、单行自走式割晒机、背负式轻简型割晒机，及可调速食用豆类专用脱粒机等分段收获机具，已小批量试制，并在内蒙古自治区、湖北省和山西省等地应用；研发出全喂入式蚕豆、绿豆联合收割机，解决了割台易堵、物料输送破碎和脱粒清选含杂率高等问题，机收破碎率、含杂率、损失率满足生产要求，大幅度提高了食用豆类生产效率，降低了生产成本。

（4）功能挖掘和产后加工促进产业延伸和提质增效。食用豆类营养丰富，具有药食同源功效。近年来，针对预防现代“文明病”的营养需求，对绿豆、小豆、普通菜豆、蚕豆等潜在的新型功能活性及内在功能因子开展了大量研究，诸如抗氧化、抗炎、降血糖、降血脂、提高免疫力、抑菌、抗病毒、抗癌等功能。获得的功能因子在食品、保健品加工方面发展潜力巨大。明确了绿豆的清热解暑功能因子——牡荆素和异牡荆素；小豆的降血糖功能因子——α-糖苷酶抑制剂，并为此研发了绿豆清热解暑产品、小豆降血糖产品、红小豆纤维饼干、杂豆面条、速溶豌豆全粉、红小豆全粉等新型速食产品。针对传统食用豆类加工中存在的资源浪费和环保问题，开展了节水节能和产品提质增效技术的改造研究。如在红豆豆沙生产中，改进传统豆沙去皮、洗沙的生产技术和装备，引进了湿法超微粉碎机、隔膜压滤脱水机、旋转闪蒸干燥机等新型装备，节水减排40%以上，出品率提高了20%，获得了生产成本低、膳食纤维和蛋白质含量高、用途更广泛的豆沙全粉新产品。改进了传统蜜豆的浸渍糖液体浓缩技术，利用双对流技术进行低温真空浓缩，提高了糖液浓缩过程中的水分蒸发速率和蜜渍效率，且避免了因超过糖熔点而出现的焦化现象，提高了蜜渍豆的产品质量，糖液也可以重复利用，提高了产品质量，降低了企业的生产成本。此外，在新型营养产品开发方面，引进了国外降血压功能因子——γ-氨基丁酸（γ-aminobutyric acid，GABA）富集技术，开展了食用豆类品种加工适宜性的筛选和富集工艺优化，开发了GABA绿豆、小豆、芸豆等系列新产品，并在国内食用豆类加工企业转化应用。利用挤压膨化技术对红小豆进行功能改性，通过优化挤压膨化参数，获得辅助降血糖和血脂功能的改性红小豆粉。产后加工科技创新工作在助力企业技术升级、产品更新、企业增效等方面发挥了积极作用，科研单位参与了企业的项目可行性论证、设备采购、生产线建设、技术培训、标准制订、质量管理等工作。企业不仅获得了产业链延伸的增值效益，还带动了当地的食用豆种植、农民增收和产业扶贫工作。

（5）优质新品种助农业企业创品牌增效益。充分发挥区域生境优势，以优质专用食用豆类品种生产优质原料，形成区域特色的食用豆类品牌效应，促成地方农业企业独立品牌建立，如“乌蒙山宝，毕节珍好”商标的农特产品，“明光绿豆”“阳原鹦哥绿豆”“威宁芸豆”“岢岚红芸豆”“湟源马牙蚕豆”“互助蚕豆”“湟中蚕豆”等多个产品入选国家地理标志产品，为促进区域农业产业化结构调整，推进农业产业化进程，增强农村经济发展后劲，带动高寒山区农民群众增收致富奔小康奠定了基础。

二、我国食用豆类产业发展目标与趋势

食用豆类具有粮、菜、饲、肥兼用价值，在国际贸易、鲜食蔬菜产业、优质饲草（料）产业、绿肥或生物固氮等中国现代农业经济和产业转型绿色发展领域具有重要作用。同时，食用豆类是农业可持续发展不可或缺的优势作物之一。联合国粮农组织高度评价食用豆类，称食用豆类是摆脱贫困的重要支柱，消除饥饿的核心力量，生态环境的有益助手。要正确客观评价食用豆类在现代农业经济中的重要地位，充分认识适度增加食用豆类种植面积、推动种业发展的必要性。我国食用豆类按照“区域化布局，多元化发展”的总体要求，逐步实现“政产学研用”五位一体的产业化模式。我国食用豆类的发展目标是以供给侧结构性改革为主线，以绿色健康高效为目标，以调结构和转方式为根本，以多产业融合和多元化综合利用为重点，选育抗病、适于机械化、粮菜兼用、粮饲兼用、集观赏为一体等新型食用豆类品种，创新食用豆类生产和发展模式，延长产业链，创造价值链。①构建“食用豆＋”轮作体系，促进土地用养

结合。将食用豆类有效地整合到中国农业生产系统中，与其他粮油作物构建轮作体系，保障土地用养结合和其他粮油产业的持续稳定。②生产向轻简化方向发展，选育劳动强度低、生产效率高、生产成本低的专用品种和研制适于不同食用豆类生产的机械设备，促进农机农艺深度融合，提高机械化生产水平，提高生产效率，降低生产成本。③现代农业向一、二、三产业深度融合发展。要纵向进一步延长产业链，横向拓展其应用领域，与蔬菜产业融合，推动优质营养保健型蔬菜产业发展；与饲草产业融合，保障优质饲草（料）产业发展；与观赏旅游融合，发展“豆旅”产业，不断完善多元化产业体系，不断提升其价值。

中国是食用豆类生产和出口大国，多年来一直是净出口状态。但自 2013 年以来，中国食用豆类开始呈现贸易数量逆差、贸易额顺差格局，出口贸易形势日渐严峻。中国食用豆类生产机械化程度低，需人工采收及脱粒，成本较高，出口价格不断提高，导致食用豆类国际市场竞争力不断下降。

随着国家生态农业发展战略的实施、国内外市场需求的增加以及种植制度、种植结构的调整，将给食用豆类种业的发展带来机遇和挑战。①生态农业发展和种植制度改革的需要。用养结合的种植制度和耕作制度是实现农业生态绿色发展的必由之路。在走生产发展、生活富裕、生态宜居的“三生”协调发展的道路上，要求优化调整目前的种养业结构。食用豆类具有生物固氮的作用，化肥、农药使用量低，在生态农业发展中将起着重要作用。②食用豆类产业发展是乡村振兴的重要抓手。中国食用豆类种植区域主要分布在干旱贫瘠的山区和欠发达农业区，食用豆类成为乡村振兴战略实施的必然选择。③生产方式的转变促进种业的发展。食用豆类新品种逐步实现了全程机械化生产，结束了种植效率低、劳动强度大、投入多、收益小的历史。为加速食用豆类规模化、标准化、机械化种植，要求食用豆类种业要建立规模化、标准化的种子生产基地，建立大规模的种子加工、分装、储存等设备，从而促进食用豆类种子企业的发展。④食用豆类在农业绿色生态发展中将发挥重要作用。食用豆类抗旱、耐瘠薄，而且具有根瘤固氮能力，对于土壤改良和重金属污染修复起着重要作用，是禾本科作物的理想前茬作物。食用豆类适合与玉米、谷子、高粱、向日葵、甘薯等作物间作、轮作，在农业绿色生态发展中起重要作用。⑤豌豆、绿豆等进口量逐年增加，对食用豆类种业发展提出更高要求。近 10 年来，豌豆、绿豆商品进口量逐年增加，特别是 2013 年、2016 年豌豆进口量均突破 100 万吨，其主因是国外豌豆生产机械化、标准化、规模化水平高，产品成本低。因此，低成本的机械化高效生产将会越来越受到人们的重视，这将对中国食用豆类种业生产提出更高的要求。机械化精量播种对种子的纯度、净度和发芽率都提出了更高的质量要求，机械化高效生产对品种的株型、抗倒伏等特性提出更高标准。

任务四　食用豆类的生理基础

一、食用豆类生长发育的生理特点

在农业生产中，食用豆类的栽培以收获籽粒为主要目的，食用豆类的生长发育必须经过营养生长和生殖生长两个阶段。

营养生长从种子萌发开始到花器开始形成为止。营养生长的特点在植物形态上主要表现为植物体积的增大和高度的增加，是干物质的积累过程。食用豆类种子在合适的土壤温度和湿度下经过一段时间开始萌发。一般幼根先行伸长，幼芽再开始生长，伸出土外，形成节，在节上长出幼芽和幼叶，各节还会长出分枝。种子萌发和幼芽生长时，以子叶中的贮藏物质为养分，幼叶长出后便开始进行光合作用，制造营养物质。当子叶露出土面时，先行生长的主根上已长出数条侧根，自土壤中吸收水分和养料，供植物生长需要。

当豆类植株茎秆生长到一定节数即进入生殖器官形成阶段。生殖阶段可分为如下 3 个时期。①花芽分化期。花芽分化是食用豆类由营养生长过渡到生殖生长的标志。植株生长到一定时期后在生长点上发生花芽分化，花芽长大后出现花蕾。②现蕾开花期。花蕾生长，花瓣和雌雄器官逐渐生长成熟，进而开花授粉和受精。这是生殖生长的关键时期，从现蕾到受精一般需要 7 天时间。这个时期对外界环境（如温度、光照和水分等）反应敏感，温度过高或过低、水分过多或过少以及光照不足均会影响授粉和受精，导致落蕾落花。③结荚期。结荚期是食用豆产量形成的主要时期。这一时期，荚和种子同时迅速长大，光合作用产物不断自光合作用器官（如叶片）中运输到种子中去。这一时期也是营养生长和生殖生长同步进行的时期，要求光照、水分、空气和各种养分（特别是磷和钙）供应充足，以保证种子获得充足的光合产物，从而达到高产目的。

所有的食用豆类都是 C3 植物，由 3 个碳原子而不是 4 个的化合物形成糖，因此单位面积上种子产量一般不如玉米等 C4 植物高。食用豆类的蛋白质含量较高，籽粒蛋白质含量一般为 20%～30%，但这个特点与籽粒高产相矛盾。食用豆类对光照敏感，叶面积指数高而光线传导系数低，因此对光照利用不良

(底叶无光合作用)，呼吸作用明显增加，使同化物损失。食用豆类植株向贮存器官（种子）传导同化物的传输系统不如禾本科植物效率高，养分移动速度慢，影响光合产物的积累，容易引起落花落果（荚），从而导致籽粒产量低下。食用豆类坐荚（果）率不高，开花很多，但最终结荚很少，许多花在坐荚（果）以前就凋谢或幼荚（果）在成熟前就脱落，种子发育不全。如蚕豆最终的单株结荚数一般仅为开花数的 10%左右。另外，食用豆类的栽培不能重茬，如豌豆和蚕豆在同一块地上应间隔 3～4 年再种植为宜。重茬种植，第二年减产达 20%，第三年减产可达 30%～40%，且病虫害增加。

二、食用豆类生长发育的生态基础与条件

食用豆类的生长发育涉及根、茎、叶、花、荚和种子的体积与面积的增大以及重量的增加，每一个生长时期的长短和速度快慢同时受遗传基础和外界环境条件两方面的影响。内外条件协调适宜，植株生长就快，产量也高，反之则生长缓慢，产量也低。对田间栽培管理的要求就是要有适当的温度、充足的光照、足够的水分、流通的空气以及完备的养分，从而最大化满足食用豆类生长的遗传需求，以获得高产。

温度是影响食用豆类生长发育的主要原因之一。农业生产中需要最适宜作物各阶段生长发育的温度。食用豆类耐寒性不如小麦和大麦，有效起始温度较高。冷季豆类一般以 5℃开始计算，其他豆类以 10℃作为有效起始温度。各个豆种生长发育所需温度各有不同（表 1-4)，但多数豆类最适的开花结荚温度一般都不超过 28℃。普通菜豆、豇豆等豆种的耐高温能力较强，但超过最适温度时，往往表现为花器发育不良，花而不实，或大量落花落荚，产量和品质均下降。另外，食用豆类生长还需要一定量的有效积温，积温不够，植物虽能生长，但不进入开花结荚阶段，如蚕豆从播种到出苗，需积温 134.11℃，出苗到分枝要 29.38℃，分枝到开花要 242.88℃，开花到结荚要 100.37℃。

食用豆类属于光敏感作物，秋播的冷季豆类属于长日照作物，春播和夏播的豆类多属于短日照作物。种子出苗后，一直到开花期和结荚期，所有食用豆类都必须要有充足的光照条件进行光合作用，以便生长发育和开花结实。根瘤菌的固氮活动也与光合作用直接相关，光照强的条件下能形成更多的根瘤。

表 1-4 食用豆类生长所需的最低和最高温度 ℃

豆类	最低	平均	最高
木豆	15.8	24.1	27.8
鹰嘴豆	6.3	17.0	27.5
瓜尔豆	7.8	22.0	27.5
直立刀豆	14.4	23.4	27.8
刀豆	14.8	22.4	27.4
扁豆	14.5	21.9	27.5
小扁豆	6.3	14.5	27.3
白羽扇豆	5.7	12.7	26.2
黄羽扇豆	6.6	13.0	26.2
黎豆	18.7	23.5	27.3
利马豆	8.7	20.4	27.5
多花菜豆	5.6	13.2	26.2
普通菜豆	5.7	19.3	28.5
豌豆	5.0	12.9	27.5
四棱豆	15.4	25.2	27.5
蚕豆	5.6	12.1	27.5
小豆	7.8	17.0	27.8
绿豆	7.8	20.9	27.8
豇豆	12.2	21.3	27.5
黑吉豆	7.8	22.0	27.8
饭豆	10.0	25.3	27.5
香草豌豆	4.3	13.0	27.5

资料来源：James A. Duke，Handbook of Legumes of World Economic Importance，1981

水分也是影响食用豆类生长发育的主要外界因子之一。食用豆类种子含蛋白质较多，膨胀性较大，因此种子萌发时需吸收大量水分（表 1-5）。食用豆类生长发育的任何一个生理过程都离不开水分。各个豆类的起源、分布和人工栽培条件不同，所在地区降水量也大有差别（表 1-6）。从正常需要来看，种植食用豆类的地区年平均降水量不能低于 700 毫米，并且要根据实际情况进行适时灌溉。

种子萌发和植株生长都需要进行正常的呼吸，因此流通的空气是食用豆类生长发育的主要生理条件之一。氧在水中的溶解度一般只有在大气中的 1/6，温度增高溶解度还要降低。氧在水中的扩散速度也只有在大气中的万分之一，一薄层水覆盖在种子上，氧气就几乎被隔绝，因此播种时土壤湿度不宜过大，否则种子发芽和幼苗生长将因缺氧而受到严重影响。

表 1-5　豆类种子萌发时必需的吸水量（与种子原重相比）　　%

豆类	吸水量	豆类	吸水量
蚕豆	88.8	黄羽扇豆	116.0
豌豆	98.5	小扁豆	99.6
菜豆	94.9	白羽扇豆	118.0
扁豆	112.6	香草豌豆	126.0
鹰嘴豆	75.7		

资料来源：浙江农业大学，《作物栽培学》，1966

表 1-6　食用豆类分布地区的降水量　　毫米/年

豆类	降水量		
	最少	平均	最大
木豆	530	1 450	4 030
鹰嘴豆	280	670	1 500
瓜尔豆	380	750	2 460
直立刀豆	640	1 700	4 290
刀豆	640	1 420	3 620
扁豆	700	1 450	4 030
香草豌豆	320	740	1 360
小扁豆	280	790	2 430
白羽扇豆	360	840	1 780
黄羽扇豆	350	850	2 090
黎豆	870	1 370	2 210
利马豆	310	1 550	4 290
多花菜豆	310	950	1 730
普通菜豆	90	1 280	4 290
豌豆	90	920	2 780
四棱豆	700	1 930	4 100
蚕豆	230	800	2 090
小豆	530	1 250	1 730
绿豆	280	1 250	4 100
饭豆	700	1 110	1 730
豇豆	700	1 220	1 730
黑吉豆	530	1 240	2 430

资料来源：James A. Duke，Handbook of Legumes of World Economic Importance，1981

食用豆种子发芽时所需营养由子叶供给，在子叶中养分不够时由根自土壤中吸收。豆类作物吸收的营养物质主要是无机化合物，包括碳、氢、氧、氮、磷、钾、硫、镁、钙、锰、锌、钼、铜、硼、氯 15 种元素。二氧化碳以分子状态被吸收，氢和氧以分子和离子两种状态被吸收，其他元素多以阳离子或阴离子状态被吸收。

任务五　食用豆类栽培的技术原理

一、耕作原理与土壤要求

土壤是食用豆类在生长发育过程中所需各种营养、水分、温度、空气的主要来源。土壤的物理和化学性质直接影响食用豆类的生长和发育，进而影响产量。食用豆类耕作的基本原理是创造一个适合豆类作物“生活”的土壤生态环境，以保证豆类正常生长发育。各种豆类对土壤肥力因素的要求与土壤能否满足这些要求，因条件不同而有不同，水分、养分、空气和热量等因素在不同地点、不同时间都可能成为限制性因素。从中国食用豆类分布地区和田间管理水平来看，水分和养分是主要限制性因素。长江流域及其以南地区以肥料（养分）不足为主，华北和西北地区以水分不足为主。应因地制宜地使用土壤耕作技术，改善土壤的物理化学性质，调节土壤水分、空气、养分和热能，给食用豆类地下和地上两部分的生长发育创造适合的生态环境。

食用豆类都是主根系植物，主侧根分明，侧根较多，根系在土壤中的分布多呈圆锥形，多数根群集中在25～30厘米的土层中，但也有的根系深入土壤达60厘米，甚至100厘米以下。多年生的豆类，根系更为发达，可在深层的土壤中吸收钙等矿物质养分。而禾本科作物为须根系，入土较浅，因此将食用豆类与禾本科作物混播或间作套种，有利于土壤结构的改良，形成团粒结构。除十分粗糙的土壤和严重的黏重土壤外，其余各种土壤均适于种植食用豆类。

固氮根瘤菌与豆类共生，需要充分的氧气供应，而土壤的空气和水分都存在于土壤孔隙中。土壤孔隙中的水分多空气就少，水分少空气就多。水分过多过少均对根系的发育和根瘤菌的活动不利。若土壤中水分过多，脱氧严重，食用豆类会遭受涝害。因此在大雨或灌溉以后要及时松土，改善土壤空气流通状况。正常情况下，土壤湿度以最大持水量的60％～80％为最佳。

食用豆类对土壤pH的要求比较严格，过酸或过碱均不利于根瘤菌的活动，进而影响豆类的生长发育和产量。对多数食用豆类而言，土壤pH在6.0～7.5为宜。各种食用豆类对土壤pH适应范围不尽相同（表1-7）。

表 1-7　各种食用豆类对土壤 pH 的适应范围

豆类	pH		
	最小	平均	最大
木豆	4.5	6.4	8.4
鹰嘴豆	5	7.2	8.3
瓜尔豆	5.3	7.2	8.3
直立刀豆	4.5	6.1	8
刀豆	5	6	7.1
扁豆	5	6.2	7.5
小扁豆	4.5	6.8	8.2
白羽扇豆	4.8	6.4	8.2
黄羽扇豆	4.5	6.5	8.2
黎豆	5	6	6.8
利马豆	4.5	6.2	8.4
多花菜豆	4.9	6.5	8.2
普通菜豆	4.2	6.4	8.7
豌豆	4.2	6.3	8.3
四棱豆	4.3	5.8	7.5
蚕豆	4.5	6.6	8.3
小豆	5	6.1	7.5
绿豆	4.3	6.6	8.1
饭豆	6.8	7.2	7.5
豇豆	5	6.1	7.5
香草豌豆	4.5	6.8	8.3
黑吉豆	4.5	6.1	7.5

资料来源：James A. Duke，Handbook of Legumes of World Economic Importance，1981

二、科学施肥

施用肥料的原则是根据各种豆类的需要和土壤肥力的不同，尽可能做到补充土壤肥力的不足，以满足食用豆类生长发育的需要，达到高产优质的目的。

食用豆类在生长发育过程中要吸收很多营养元素，尤其对氮、磷、钾、钙的需要量很大（表 1-8）。因为有根瘤菌固氮供应豆类所需氮素的一部分，故食用豆类对氮的要求与棉花等中耕作物要求相似，而对磷、钾和钙的要求明显高于禾谷类作物。此外，食用豆类还需要镁、硫、铜、锌、锰、硼和钼等微量矿物质元素。食用豆类对微量元素的要求也大大高于禾本科作物，对矿物质营养元素的缺乏十分敏感，缺乏某种营养元素时豆类容易发生生理病害。

表 1-8 食用豆类在生育期吸收的矿物质元素 千克/公顷

豆类	产量		吸收量			
	籽实	秸秆	氮	磷	钾	钙
蚕豆	2 394.6	3 790.5	155.3	48.0	120.0	95.3
豌豆	2 394.0	3 591.0	140.3	35.3	72.0	75.0
菜豆	1 795.5	1 596.0	165.0	70.5	137.3	140.3
黄羽扇豆	1 596.0	2 793.0	120.0	32.3	7.0	42.0
小扁豆	999.8	1 296.8	75.0	20.3	24.8	38.3

资料来源：浙江农业大学，《作物栽培学》，1966

固氮菌接种是对食用豆类施氮肥的最好方法，但一定要用适合的菌种接种。接种一般有两种方法，土壤接种和种子接种。土壤接种即用上年种过这种豆类作物的土地上的表土，用土量约 1 500 千克/公顷，均匀撒施于新种的地上，最好在撒后轻耙一遍。种子接种即用菌液拌种，这种方法效果更好。具体做法是根据不同豆类，在播种前将固氮根瘤菌粉加水调成菌液，徐徐洒于种子上，同时搅拌均匀，即可播种。接种的种子应避免日光直射，要随拌随播。根瘤菌在人工培养下时间过久，固氮能力会逐渐降低。当根瘤菌剂供应短缺时，也可自制菌液进行接种。应于前一年选择肥力和结构较好、pH 近于中性的土壤种植豆类作物，生长期间加施草木灰，并进行摘蕾摘花，以促进根瘤菌的生长发育，在豆类盛花期挑选发育良好的植株连根挖起，挂于室内阴干，翌年豆类播种时，将根瘤摘下加水研磨，制成菌液拌种。每公顷用量为 300～450 株发育良好的植株上的根瘤。

肥料因施用的时间不同分为基肥和追肥两种。追肥又有根部施用和叶面喷施两类。按肥料性质、肥效期、各种豆类吸收特点和土壤及气候条件决定基肥和追肥的种类和用量。

1. 基肥

基肥主要指有机肥料，也包括农家土粪渣及其他杂肥。半腐熟和未腐熟的有机肥，要施入土壤中经过腐熟，即经过各种细菌的分解和发酵，才能释放出有效养分被豆类吸收。施入土壤的有机肥约有 80%被腐殖质化。腐殖质是改良土壤物理化学性质的主要条件，因此有机质肥料必须作为基肥施入土壤，土粪渣及各种杂肥也应作为基肥施入土壤。化肥中的过磷酸钙、镁及微量元素等肥料也作为基肥施用，而氮肥和钾肥在土壤中流动性较大，容易流失，因此以作追肥为宜，作基肥时应控制用量。

2. 追肥

施肥总量中，除去基肥用量，不足部分即为追肥的用量。追肥多为速效的氮、钾及磷，有时还施用钼、硼等微量元素。应分次施用，每次用量不宜过多。开花期追施各种速效肥料效果较好。

追肥有根部追肥和根外追肥两种方式。采取什么方式依肥料种类、土壤、气候和豆类生长情况而定。土壤固定和转化率很高，根部吸收营养不充分时，可及时用叶部喷施，这是一种辅助手段。叶部营养吸收转化比根部快，而且用量少、经济，一般用量只有给土壤施用的1/15～1/10。叶部营养可促进根部营养，提高产量和品质。喷施某些营养元素，能调节某些酶的活性，提高光合呼吸能力，使植物体内积累较多有机物质，对提高产量和改进品质有利。微量元素以根外追肥经济有效，具有用量少、见效快等优点，但当作物生长发育旺盛需要大量养分、根外追肥不够用时，就要采取根部追肥。根部追肥可根据土壤情况、肥料种类和作物情况而采用条施、撒施或点穴施。一般条施或穴施追肥，应施在距植株约10厘米处，施后盖土，撒施效果较差。

三、灌溉与排水

食用豆是需水量较多的作物，尤其是一些蔬菜型的食用豆类，缺水时会严重影响植物的生长发育和产量。我国西北和华北广大地区降水量少，在豆类生长期内又容易发生干旱，故应特别注意灌溉。充足的灌溉是这些地区食用豆类高产的主要因素之一。食用豆类开花期是需水的临界期，这个时期如果缺水，将对豆类生产十分不利。在生育期内，根据田间墒情和豆种不同，灌溉次数也不同，但一般不少于3～4次。蚕豆和豌豆的灌溉可与小麦、玉米和马铃薯同时进行。小扁豆和鹰嘴豆较为耐干旱，灌溉次数可减少1～2次。但一般不能少于2～3次。灌溉方式主要以地面灌溉为主，城市周边地有少量喷灌。

长江流域及其以南地区和东北三省的雨水较多，在多雨时期要注意及时排水。食用豆类多不耐涝，雨水过多影响豆类根系呼吸和根瘤菌活动。在这些地区，不论单作、混作、间作或套种的田块中均应有排水沟。通常是将田块在播种前划分为若干畦，畦间有沟，用于排水，若遇干旱，还可根据情况进行灌溉。

四、中耕与除草

中耕的目的是疏松表层土壤，改善土壤通气和保水能力，促进植物地上和地下两部分的健壮生长，从而实现高产。除草的目的在于减少杂草与作物竞争水分、养分、阳光和空气，减少因杂草而传播的病虫害，保证栽培作物在田间生长发育期占绝对优势，进而实现高产。中耕与除草这两个田间管理技术环节，在非化学除草剂的情况下是结合或同时进行的。

1. 中耕

食用豆类出苗、降雨以及灌溉后，土壤表面较干时应及时中耕松土，破坏土壤表面的板结层，不但可使耕层土壤空气流通，供给豆类根系和根瘤菌呼吸所需氧气，还可促进养分分解，使土壤中的有机质易于释放二氧化碳，有利于光合作用的进行。

早春和冬季中耕，因增加土壤接受阳光的面积，并增加了表土层的空气含量，有利于提高土壤温度，促进根系生长发育，中耕还可切断土壤表层因板结而形成的毛细管，减少土壤毛细管水分的蒸发作用，对保持土壤水分有利。

食用豆类因种类不同，根系的强弱和再生能力不一样，对中耕深度的要求也不一样。豌豆、普通菜豆等豆类的根系较弱，在土壤中的分布也比较浅，中耕深度宜浅，蚕豆、绿豆、多花菜豆等豆类的根系比较强大，入土较深，中耕可稍深。幼苗期中耕宜浅，成苗期可稍深。有些豆种有直立、半蔓生和蔓生或匍匐等生长习性，同时食用豆类苗期生长比较缓慢，现蕾后植株生长加快并封行，因此在豆类始花以后，一般不宜中耕，但设支架的豆类在生长后期仍应注意中耕。

2. 除草

杂草的生命力和竞争力一般都比栽培作物强，且生长迅速，如不及时加以人工防除和限制，杂草将会夺取作物生长的水分、养分和阳光，压制豆类的生长，严重时会使豆类的产量大大下降。杂草还会带来许多病虫害，因为有些病原和虫就是在杂草中越冬的，或以杂草作为中间寄主，还有一些寄生杂草，如菟丝子和列当等，能直接吸收豆类植株体内的养分（叫作恶性杂草），危害非常大。因此，防除杂草是食用豆类田间管理中的一个重要环节。杂草的繁殖能力强，不但种子多，而且在土壤中保持发芽力的时期也长，一旦温度、水分等条件适合，种子萌芽很快，长势迅猛，因此除杂草的基本要求是“除早、除小、除了”，即在杂草很小时就进行除草，且要彻底干净。食用豆类的除草主要在开花封行前进行，开花封行后田间杂草较少，而且人工和机械除草会损伤茎蔓，使许多花荚脱落，影响产量。目前，防除杂草的措施和方法主要有人工、机械和化学除草 3 种。人工和机械除草的优点是一次可以除去所有杂草，还可以同时进行松土。人工除草的效率比机械除草低，但质量好，机械不能除去作物苗间的杂草，需要辅以人工除草。化学防治杂草方法简便，效率也高，是农业现代化的标志之一。但田间杂草种类多，而除草剂的作用往往具有专效性，故需用多种除草剂才行。有些除草剂有时对后作不利，而且还会产生污染环境的不良结果，故要慎重选用。

五、防治病虫害

防治病虫害是食用豆类获得优质高产的重要条件之一。食用豆类的病虫害分为地下病虫害、地上病虫害和贮藏期间的病虫害。地下病虫害如各种根腐病、立枯病及地老虎（金龟子幼虫，学名蛴螬）等。地上病虫害如各种叶斑病、炭疽病、褐斑病、锈病、霜霉病、枯萎病、病毒病及食荚螟、蚜虫等。贮藏期的病虫害又叫仓库病虫害，如各种附着在种子上的病菌、霉菌、豆象等。

对一般地下病虫害，可用药剂拌种、施撒毒谷等措施防治。但由镰刀菌等引起的根腐病和立枯病，一般药物防治效果不大，应用其他栽培措施，如轮作等加以防治。对地上部分的病虫害最有效的方法是药物防治，除此之外，对虫害还有生物防治。药物和生物防治法是目前正在大力研究发展的两种主要方法。不论药物或生物防治，都应以早期防治为主，对于不同病虫害，应采用不同药剂或生物方法。

在豆类生产中轮作是防治某些病虫害的有效方法。豆类忌连作，连作会增加病虫害的发生。轮作可有效减少病虫害，有利于豆类生产。不同豆类的轮作（间隔）年限不同。蚕豆、豇豆、扁豆应间隔 2～3 年，小豆、菜豆、绿豆应间隔 3～4 年，豌豆应间隔 4～5 年。

病毒病对豆类的危害很大，尤其对小豆和豇豆，病毒病可使其严重减产，甚至颗粒无收。病毒病有多种，有昆虫传染和种子传染两种途径。昆虫媒介主要是蚜虫，应于现蕾初期到开花终期进行多次药物防治。对种子传病毒病，目前主要防治手段是挑选无病的种子作种用。

各种豆象是食用豆类作物的主要经济虫害（图 1-3）。豆象一般在杂草、土壤和室内越冬，于春天开始活动。防治的主要方法是在豆类花蕾期到终花期，每隔 5～7 天喷洒药物，收获脱粒后，立即晒干并用甲基嘧啶磷等药剂熏蒸。

培育能抗某些病害或虫害的新品种，是防治病虫害的最好手段，也被公认为最经济有效的防治途径。国内外育种家一直在致力于培育食用豆类抗性品种，目前已经培育出一批农艺性状优良的抗病虫新品种（系），如抗豆象绿豆品种‘中绿 4 号’、抗叶斑病绿豆品种‘中绿 5 号’等。

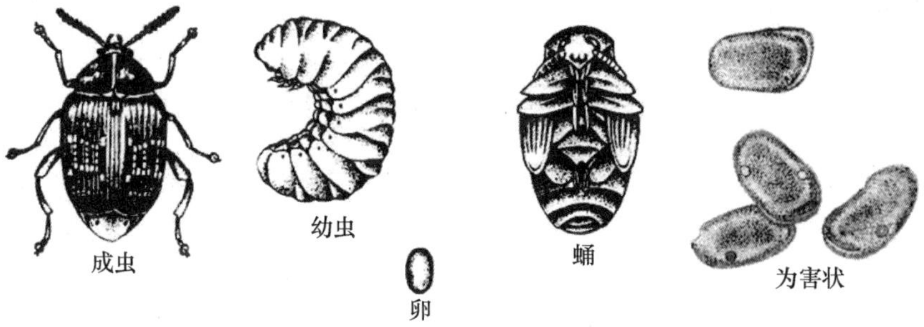

图 1-3　豆象不同时期的形态特征

六、收获与贮藏

食用豆类的种类多，生长习性不一，有些豆类的生育期很长。因此除某些豆种可以机械化收获外，大多数豆种仍须手工收获，而且还要多次收获。有些豆种既可收干豆，又可食用嫩荚，收获期更不一致。豌豆、蚕豆、小豆、小扁豆、直立矮生的普通菜豆、短荚豇豆、鹰嘴豆等可机械化一次收获；绿豆、普通豇豆、蔓生菜豆、多花菜豆、饭豆等要多次收获；扁豆、四棱豆、木豆等需要收获 3～4 次。收获 1 次以上的豆类，不宜机械化收获，主要为人工收获。人工收获效率低，但可保证收获质量，损失也少；机械化收获效率高，但因豆类每一花序上的花较多，开花先后不一，荚果成熟也不一致，故有些食用豆类虽可机械化一次性收获，但收获的质量不一，而且损失较大，因为机械收获时有少量未完全成熟的青荚；若在全部荚果成熟后收获，则先成熟的荚又易发生裂荚落粒。有些豆种需设支架，更不宜机械收获。我国大多数的食用豆类种在田边地角，或补种在其他作物缺苗断行之处，有的则种在房前屋后或小菜园中，不便于机械化收获。因此现阶段，许多食用豆类仍以人工收获为主。

脱粒贮藏的首要条件是必须将种子干燥到含水量 12%左右。水分过多，贮藏中容易发生霉烂、变质和虫蛀。脱粒晒干后，中国南部地区，因空气中湿度较大，种子中的水分含量也较多；华北和西北地区，空气干燥、湿度小，种子所含水分也少。因此在一般室内条件下，华北和西北地区的种子比较容易保存，光泽好，仓库害虫少，种子发芽力好，保存时间也较长。食用豆类保存期间的最大问题是豆象的危害，在豆粒晒干入库前应当立即用甲基嘧啶磷（Phostoxin）熏蒸，这种方法可以杀死种子中的豆象幼虫和虫卵，而不损失种子的发芽力。

●课外小知识

中国食用豆类的加工利用

中国食用豆类的种类多，栽培历史长，加工利用方式多。除与大米、小麦、玉米面粉等一起食用外，各地都有一些以食用豆类为主要原料的地方风味食品。据不完全统计，以豌豆、绿豆、芸豆、蚕豆和小豆这五种豆类为主要原料加工制成的糕点食品就有20多种，如豌豆黄、豌豆糕、芸豆卷、绿豆糕、玫瑰糖豆瓣、赤豆酸梅刨冰等。以绿豆、豌豆或蚕豆制作的粉丝更是大众化的副食品，这种做成粉丝的加工方式历史悠久，工艺技术简便，各地均有。许多豆类的荚和种子还可以直接做蔬菜和食品。

近年来中国食用豆类的加工生产又有了新的发展。比如大力发展罐头和快速冷冻产品，既可供出口，又可内销供应大、中城市及宾馆、饭店等。将干豌豆、蚕豆、绿豆、豇豆和小豆等按一定工艺程序加工为浓缩淀粉和浓缩蛋白质。食用豆类还可以加工为饲料，各种不同饲料中的蛋白质部分主要来源之一是各种豆类。饲料加工业越发展，所需豆类饲料也越多。因此发展各种食用豆类生产有利于饲料加工业和畜牧业的发展，将对改善我国人民的膳食结构起到重要的作用。

实践活动

请同学们调查当地主要生产哪些食用豆类，这些食用豆类是如何加工利用的？

思考题

1. 什么是食用豆类？它们具有什么样的特点？
2. 种植食用豆类的意义是什么？
3. 简述我国食用豆类生产发展现状。
4. 如何利用我国食用豆类的生产优势发挥其潜在的作用？
5. 查阅相关文献，了解世界食用豆类的种质资源研究情况。

项目二　蚕豆生产

学习目标

知识目标

· 了解蚕豆的分布和产量，蚕豆的生长发育特性，熟悉生产上常见的蚕豆品种，掌握蚕豆生产的实用技术要点。

能力目标

· 能根据我国各地区的气候条件选择合适的蚕豆品种；能做好播前准备工作，适时播种；掌握蚕豆田间管理技术，防止蚕豆落花落荚；掌握蚕豆摘顶技术，适时采收提高经济效益；能正确识别蚕豆常见的病虫害症状并采用合理的防治技术等。

蚕豆（*Vicia faba* L.），又名胡豆、佛豆、川豆、倭豆、罗汉豆等。属豆科蝶形花亚科蚕豆属，越年生（秋播）或一年生（春播）草本植物。蚕豆蛋白质含量高，具有食用加工、饲用、药用等多种用途，在中国南方的食用豆产业中具有举足轻重的作用。

蚕豆广泛分布于世界各地，以亚洲的栽培面积最大，非洲和欧洲次之。2018 年亚洲以 1 895 012 吨的蚕豆产量位居全球第一，非洲以 1 497 215 吨位居第二，分别占到全球的 38.49%与 30.41%。我国是世界上栽培蚕豆面积最大的国家，2018 年中国蚕豆产量为 1 806 010 吨，占全球总产量 36.68%。为适应蚕豆生长发育的需要，长期以来形成了两种不同的播种时期，即秋播区和春播区。秋播蚕豆种植面积占全国总面积的 90%，主要分布在云南、四川和长江流域一带。春播蚕豆种植面积占全国总面积的 10%，种植面积较大的省

（区）有甘肃省、青海省、内蒙古自治区、新疆维吾尔自治区、西藏自治区、河北省等。

任务一 认识蚕豆

蚕豆植株由根、茎、叶、花、荚果和种子等各部器官组成（图 2-1）。蚕豆株高 30～180 厘米，根系较发达，具有根瘤菌共生，能固定氮素。茎直立，四棱，中空，四角上的维管束较大，羽状复叶，自叶腋中抽生花序，总状花序，花蝶形，荚果，种子扁平，略呈矩圆形或近于球形。蚕豆一般于秋季萌芽生长，第二年春夏抽序开花和结出荚果，蚕豆性喜冷凉，发芽和生长适温为 16～20℃，在 5～6℃时可缓慢发芽，25℃以上高温发芽率显著降低。幼苗能忍受短期－4℃低温，－6℃时死亡。开花结果适温为 12～20℃，8℃以下、15℃以上时开的花往往不结荚。花芽开始分化时，若遇高温，尤其是高夜温，开花节位上升。

图 2-1 蚕豆植株

蚕豆为长日照作物，在长日照下能促进生长发育，成熟和收获期提前，从南向北引种时，生育期逐渐变短，反之则延长。但也有对日照反应不敏感的中间型品种。蚕豆整个生长期间都需要充足的阳光，尤其是开花结荚期和鼓粒灌浆期。一般向光透风面的分枝健壮，花多、荚多，若种植密度过大，株间互相遮光，会导致蚕豆花荚大量脱落。因此，栽培上要合理密植，使其有一个合理的群体结构，对提高产量有明显的效果。

蚕豆喜温暖湿润气候，不耐旱、涝，对水分要求适中，但土壤过湿易生立枯病和锈病。蚕豆对土壤的适应性较强，能在各种土壤中生长，最适宜的是土层深厚、有机质丰富、排水条件好、保水保肥能力较强的黏质土壤。沙土、沙壤土、冷沙土、漏沙土因肥力不足，保水力差，植株生长瘦小，分枝少，产量低。如果在这些土壤上增施农家肥料，提高土壤肥力，保持土壤湿润，也能使蚕豆生长良好。蚕豆适应土壤酸碱度的范围为 pH 6.2～8.0，耐碱性较强，沿海一带盐碱地也能种植蚕豆。过酸土壤抑制根瘤菌繁殖和根际微生物活动，因此蚕豆在酸性土壤中生长不良，容易感病。在酸性土壤种植蚕豆，需施用石灰，中和酸性。而北方地区多是石灰性钙质土壤，种植蚕豆有优势。

蚕豆可单作或间、套作，忌连作，可点播、条播或撒播，以有机肥和磷、钾肥为主。蚕豆根系较发达，根瘤菌能与其共生固氮。主要病害有锈病、赤斑病、立枯病。主要害虫是蚕豆象。蚕豆籽粒蛋白质含量为25%～28%，含8种必需氨基酸。碳水化合物含量为47%～60%。可食用，也可制酱、酱油、粉丝、粉皮和作为蔬菜，还可作为饲料、绿肥和蜜源植物种植。

任务二　选用良种

选用优良品种和种子，对于获得蚕豆高产十分重要。根据蚕豆对气候、土壤等生态条件的要求比较严格、适应性较窄的特点，因地制宜地选用良种，才能发挥增产作用。如在中国东南沿海棉区，土壤肥水条件好，而碱性重，必须选用耐碱性强的大粒型品种‘慈溪大白蚕豆’和中粒型‘启豆1号’；在南方稻区，土质黏重，湿度大，就应选用耐湿性强的品种如‘浙江上虞田鸡青’、‘嘉定白皮蚕豆’、‘陵西一寸’等；在土壤贫瘠、肥力差、酸度重的丘陵山区应选用耐瘠、耐酸的小粒型品种，如‘浙江金华小粒种’、‘成胡13号’等；在西北干旱寒冷的春播区，应选用耐旱性较强的大粒型品种如‘青海湟源马牙’、‘甘肃临夏马牙’、‘青海3号’等。在选择良种上特别是引种时要注意纬度和海拔高度。蚕豆是长日性作物，北豆南引会造成不结实的后果，应加以注意。

蚕豆种子大，子叶也大，在其发芽、出苗以及出苗后一个时期内，幼苗的生长全靠子叶供应养分，说明子叶对幼苗生长十分重要。选用成熟度高、种子饱满、无病虫害、发芽率高的种子，是保证全苗、壮苗的基础。选好种子在播种前先晒种1～2天，以增强种子吸水膨胀力，促进种子内的物质转化，提高发芽势和发芽率，达到出苗快、齐、壮的目的。其次，需进行根瘤菌接种，特别是新种蚕豆地区接种更为重要，拌种后应立即播种，防止日光直射，以免杀死根瘤菌。

任务三　选地整地

一、土地选择

蚕豆对土壤的适应性较广，但为求优质高产，仍应选择土壤含有机质在1.5%以上、土层深厚、排水良好的黏质壤土或沙质壤土，较能获得理想收成。蚕豆不宜重茬连作，连作常使植株矮小，结荚减少，病害加重，产量降低。蚕豆一般只能种一年，最多只能连作两年。所以，合理轮作是蚕豆高产的关键。

南方地区生产地必须与非豆科植物实行3年以上轮作，水稻田也需间隔一年，因为蚕豆根瘤菌分泌的有机酸在土壤中积累，不利于根瘤菌发育。有条件时尽可能实行水旱轮作，以减少病、虫、草害发生基数，减少田间用药次数和剂量。改良土壤理化性状，增强土壤有机养分矿质化、有效化和营养持续化。前茬作物多为水稻、玉米、棉花、白菜、萝卜，后茬多为瓜类、甘薯、包菜、花椰菜等。

北方春播地区，以一年一熟为主，其轮作方式如下。

小麦→小麦→蚕豆

小麦→玉米→小麦→蚕豆

小麦→蚕豆→马铃薯→玉米

不论哪种轮作方式，其共同的原则是因地制宜，安排好蚕豆与其他作物的种植面积比例，发挥优势，促进各种作物持续稳产、高产。

为充分利用土地和光照，蚕豆也常与非豆科作物实行间作、套作。例如，蚕豆与小麦、马铃薯间作，与水稻、甘薯、棉花套种。此外，还可间种于幼龄的果树及桑树空隙地，收获青豆，茎叶做绿肥也十分普遍。

二、整地作畦

蚕豆是深根系作物，在疏松肥沃的土壤中才能发育良好。

南方地区的大田收完前茬作物，应深耕 20～35 厘米，若地力较差，保水弱，可做成平畦，低湿黏质土可做成狭高畦，每畦播种 1 行，若排水较好，可做成连续沟宽 1.3 米的高畦，播种数行，行距 26 厘米，株距 16～20 厘米。实行宽窄行配置，做到密中有稀，稀中有密，促进群体增产。宽行 70～80 厘米，窄行 50 厘米，穴距 20 厘米，穴播 2～3 粒种子。高产栽培下的蚕豆水系，应是墒沟、排水沟、纵沟三沟配套，畦宽 2.6 米，墒沟宽 40 厘米，深 50 厘米，排水沟宽 60 厘米，深 70 厘米，田间每隔 40 米开一条纵沟，纵沟宽 50 厘米，深 60 厘米，确保雨住田干，不留积水。

北方春播蚕豆利用冬闲地，应在冬前深翻地晒垡。秋茬作物收获后要深耕 15～20 厘米，播种前再浅耕 7～10 厘米，并进行耙地，使下层土壤紧密，上层土壤疏松，有利于消灭杂草，减少土壤水分蒸发。

整地时，应施足基肥，亩施腐熟堆厩肥 1 500～2 000 千克、过磷酸钙和草木灰各 50 千克，或亩施 15＋15＋15（%）复合肥 50 千克，该复合肥可与充分腐熟的农家肥混合后进行穴施，效果极好。灌水保墒促早发，在中国南方地区，适期播种的蚕豆（10 月初至 10 月 20 日）多值干旱时节，播后应及时灌水保墒，促进早出苗，早生长，及早利用光能和地力。

任务四 播　　种

一、播种时间

蚕豆不耐严寒，长江流域及其以南地区，冬季气温一般不低于－5℃，幼苗可在田间安全越冬，多行秋播。长江流域多在 10 月中旬至 11 月上旬，当地平均气温降到 9～10℃时播种。华南地区冬季气温较高，不存在冻害的问题，9—11 月均可播种。秋播适时，春前有效分枝多，分枝健壮，春后荚多、粒多、粒重、高产；过早播种，植株生长过嫩容易受冻害；延迟播种，由于前期生育期短，营养体的建成差，也影响产量的提高。

在北方地区，根据春蚕豆生长发育对温度的要求，掌握当地气温回升的快慢，当气温稳定在 0～5℃时，力争适时早播，可提高产量。海拔 1 600～1 800 米的地区，在 3 月上旬气温已稳定通过 10℃，海拔每升高 100 米，稳定通过

0℃的日期推迟2～3天。因此，可用此方法推算出本地区蚕豆适宜播种期。春蚕豆的适宜播种期一般是3月上旬至4月上旬，8—9月收获，全生育期100～150天。

二、播种方式

南方地区一般采用穴播，植株高大、分枝多、生长旺盛的品种，在较肥沃的土壤上播种时，密度宜小些。一般行距80～100厘米，穴距33～34厘米，留双株或按25厘米株距条播。分枝少的品种，或在肥力较差的田块上，则可适当加大密度，行距40～55厘米，穴距20～30厘米，条播时株距12～15厘米，播种过密，通风透光不良，易落花落荚，导致减产，蚕豆适宜与粮、棉作物或蔬菜间作套种，以提高土地利用率。沙土播种偏深，黏土、壤土偏浅，一般每亩用种量为10～20千克。

北方地区可采用开沟条播和点播。点播的行距40～50厘米，株距30～35厘米。条播的行距一般50厘米，以宽窄行播种为宜。宽行50～60厘米，窄行20～30厘米，株距15厘米。蚕豆子叶大，不出土，一般播深7～10厘米。如为间、套种，株行距视作物而定。

任务五　田间管理

一、中耕与除草

当幼苗高达7～10厘米时，进行第一次中耕除草，应在行间耕深些，植株周围耕浅些，要耕遍耕细。第二次中耕在开花之后封垄之前进行，注意勿碰落花朵影响结荚。

二、水肥管理

蚕豆种子大，吸水力强，在秋冬雨水少、土壤干燥的南方地区，播种后1～2天要充分供水，可促进早发芽，早齐苗。冬前幼苗生长达3～4片真叶时，豆种所储养分消耗殆尽，而根瘤尚未形成时，如幼苗生长缓慢，叶色转黄，则应及时追肥，促进早分枝、多分枝，确保前期生育良好。每亩可追施人畜粪尿750千克或硫酸铵10千克左右。

蚕豆苗期耐旱力强，中期耐旱力弱，开花期是干旱临界期，干旱地区的灌溉增产显著。第二年早春中耕保墒和开花期浇水是增产的关键。现蕾开花前，开始适量浇水，结合浇水追速效性氮肥，加速营养生长，促进分枝；随后松土保墒，待基部荚果已坐住，浇水量可稍大，并追施磷钾肥；当结荚果数目稳定，植株生长减缓时，减少水量，防止倒伏。苗期在未封行前需进行中耕，增强土壤的保水和通透性，为根系和根瘤发育创造良好的条件。中耕的同时结合除草、培土、整畦、清沟，以利于排灌。若培土时增施钾肥，则可提高植株的抗寒能力。

花荚期由于营养生长和生殖生长均很旺盛，施用钾肥可减少落叶、落荚，但应注意氮肥、钾肥、磷肥的全面配合，偏施氮肥，会导致茎叶徒长，影响坐荚。此外，在始花期追施一定的钾肥；或喷施200毫克/千克的增产灵，对结荚稳荚有较好的效果。

三、防治落花落荚

蚕豆在花荚期落蕾、落花、落荚常在90%以上，是目前生产上的一大问题。一方面蚕豆有产生无效蕾、花、荚的特征；另一方面，由于养分供应不足，播期不适当，花期遇低温或高温，空气或土壤湿度过低或过高，种植密度过大，光照不足，均是造成落蕾、落花、落荚的原因。

除采取正确的农业措施调整外，还可根据蚕豆花序是由茎枝下部向上开放的特点，去除结荚率低的顶尖，保证中下部的花荚发育；要合理供应充足的肥水，防止干旱、缺肥和病虫害，合理整枝，调节营养分配，保证花荚发育所需养分，减少落花落荚。在初花期，每亩用氯化钾5千克或草木灰75千克，拌土后开穴埋施；在盛花期每亩用尿素4～5千克开沟埋施，以确保氮素营养的充足供应。如果土壤肥沃，植株长势旺盛，则应少施或不施，防止疯长。在现蕾至开花期，叶面喷施混合营养液2～3次，每次每亩施用磷酸二氢钾100克、硼砂100克（先用少量温热水溶解）、钼酸铵25克，一起溶入50千克水中后均匀喷施。

四、适时摘顶

蚕豆顶芽生长力强，消耗养分多，摘除顶芽，使养分转移到角果上，利于增产。特别是土壤肥力较高、长势旺盛的蚕豆，及时摘除顶芽，增产效果更为显著。

摘顶时间一般在盛花期，以主茎的1～2层花序出现时进行最好，并应注意以下几点。

（1）摘顶要在晴天进行，否则易发生霉烂。

(2) 摘蕾不摘花，已开花或快开花的节位处不摘。

(3) 叶片展开的部位不宜摘去，摘顶尖要以看不见茎空心为宜，即只摘去顶尖实心部位，以免雨水灌心，造成不良影响。

五、及时采收

蚕豆多为有限结荚习性品种，因为它是典型的长日照作物。春天，日益增长的日照强烈地刺激着它开始生殖生长，因此大多数品种均在4月中下旬开花，6月初成熟。采收鲜荚的最佳时期为盛花后25天左右，必须提前做好采收和鲜荚加工的各项准备工作，以便在最佳采收期集中采收，集中加工。还要根据食用青豆粒和干豆粒而掌握好适宜的采收时期，才能保证优良的品质，食用青豆粒的若采收过迟，豆粒中糖分和维生素C明显减少，淀粉增加，品质变劣。青荚在植株下部叶片开始变黄、中下部嫩荚已充分长大、荚面微凸或荚背筋刚明显褐变、豆荚开始增重、种子已肥大但种皮尚未硬化时，分2～4次收获。干豆粒在中下部荚果变黑褐色且干燥时采收。

蚕豆采收后余下的豆秆是很好的饲料，可切碎后加盐、加压，制成青贮饲料，加盐比例一般为蚕豆茎秆重量的0.4%～0.5%。也可整株拔起后切碎，埋入土中，是极好的有机肥料。据分析，亩产1 000千克鲜豆荚，相应的新鲜茎秆有2 000～2 500千克，埋入土中产生的肥力相当于30千克复合肥。

任务六　识别与防治病虫害

一、识别与防治蚕豆赤斑病

蚕豆赤斑病（图2-2、图2-3）广泛发生于我国各蚕豆种植区，是长江流域和东南沿海地区蚕豆生产中最重要的病害之一，严重时会导致50%～70%的产量损失。主要为害蚕豆叶片，发病初期叶片上先出现赤色小点，而后小点逐渐扩大成圆形或椭圆形病斑，严重时蚕豆各部位茎、柄、嫩芽上均会出现同样的赤色病斑，均变成黑色，最后可能枯萎。在潮湿时节，黑色病斑发展较快，病情扩展迅速，3～4天就可能出现全株枯死甚至全部植株枯死的现象。

田间温度和湿度对赤斑病发生影响极大。病菌侵染适温为20℃。饱和的空气湿度或寄主组织表面有水膜是病菌孢子萌发和侵染的必要条件。蚕豆进入

图 2-2 蚕豆赤斑病叶片症状

图 2-3 蚕豆赤斑病严重时症状

开花期后，植株抗病力减弱，易被侵染并发病。秋播过早，常导致冬前发病重。田间植株密度高、排水不良、土壤缺素等都有利于赤斑病发生。连作地块由于土壤中病菌积累而发病重。

防治方法：

(1) 农业防治措施。种植抗病品种，选用健康种子；采用高畦深沟栽培方式；适当密植；控制氮肥，增施草木灰和磷钾肥，增强植株抗病力；与禾本科作物轮作 2 年以上；田间收获后及时清除病残体，并及时深埋或烧毁。

(2) 药剂防治。用种子重量 0.3%的 50%多菌灵可湿性粉剂拌种能够控制早期病害。发病初期喷施 50%多菌灵可湿性粉剂 1 200～1 500 倍液，或 50%速克灵可湿性粉剂 1 500～2 000 倍液等。视病情发展情况，7～10 天防治 1 次，连续防治 2～3 次。

二、识别与防治蚕豆褐斑病

蚕豆褐斑病（图 2-4）在我国许多蚕豆种植区发生，是蚕豆生产中重要的真菌性病害之一，一般减产 20%～30%，严重地块可减产 50%。叶片发病时，初产生赤褐色小斑点，后扩大成圆形或不规则病斑，直径 3～8 毫米，病斑中央灰褐色，上生黑色小粒点，略呈轮纹排列。病情严重时相互融合成不规则大斑块，湿度大时病部破裂穿孔，病叶多黄化脱落。茎部染病产生椭圆形较大病斑稍凹陷，中间灰色，被害茎常枯死折断。荚染病时病斑暗褐色，周缘黑色，凹陷，严重的荚枯萎，种子瘦小，不成熟。

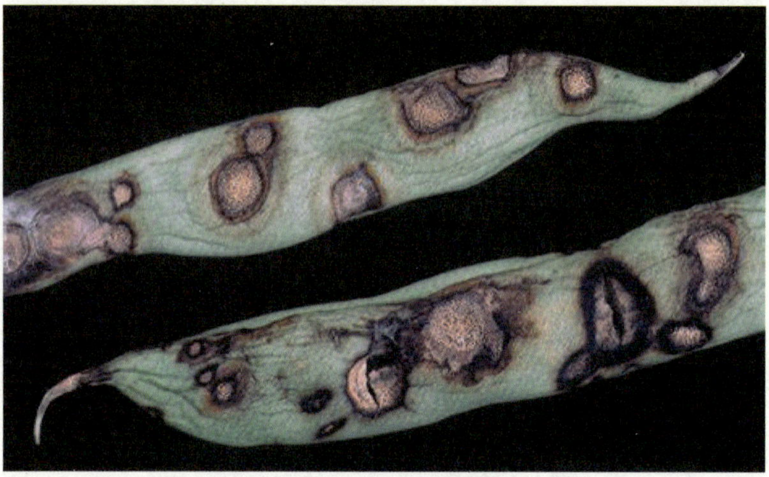

图 2-4　蚕豆褐斑病为害豆荚症状

气候条件是影响病害流行的主要因素。在蚕豆全生育期中，当田间存在病原菌时，遇雨后或重露后的高湿环境，可以形成严重的侵染。冷凉、多雨的气候利于病原菌侵染。偏施氮肥、播种过早、田块低洼潮湿等因素能够加重病害的发生。

防治方法：

(1) 农业防治。一是选用抗病品种，或选用健康无病种子；播种前进行种子处理，如温汤浸种、杀菌剂拌种或进行种子包衣处理。二是与禾本科等非豆科作物轮作。三是适时播种，高畦栽培，适当密植，合理施肥，增施钾肥，提高植株抗病力。四是收获后及时清除田间的植株病残体，并及时深埋或烧毁。五是播种前，清除田间及地边的自生苗。

（2）药剂防治。发病初期喷施50%多菌灵可湿性粉剂1 000～1 200倍液，或70%甲基托布津可湿性粉剂500～600倍液，或75%百菌清可湿性粉剂500～800倍液等。病情严重时，7～10天后可再喷1次。

三、识别与防治蚕豆叶斑病

蚕豆叶斑病（图2-5）在我国许多蚕豆种植区发生，是重要的蚕豆病害之一。局部地区在病害大发生时，可引起严重的经济损失。病原菌为尾孢属真菌。发病主要在叶片，叶片上会形成同心轮状斑纹，同时也可侵犯茎和荚，出现不规则黑色病斑，中间呈灰白色，边缘清晰。长期阴雨、重露、气温在18～26℃有利于病害的发生和发展。低洼潮湿地、种植太密，病害发生较重。

图2-5 蚕豆叶斑病症状

防治方法：

（1）农业防治。选用无病种子，并进行种子消毒或包衣；收获后及时清除病残体并深耕；实行轮作；高畦深沟栽培，雨后及时排水，降低田间湿度；合理密植。

（2）药剂防治。发病初期喷施70%代森锰锌可湿性粉剂800～1 000倍液，或50%多菌灵可湿性粉剂1 000～1 200倍液。病情严重时，7～10天再喷1次。

四、识别与防治蚕豆镰孢菌根腐病

蚕豆镰孢菌根腐病（图 2-6）广泛发生于各蚕豆种植区，田间发病率一般为 5%左右，重病田可达 10%，一旦发生可导致蚕豆产量减产 30%～50%。病原菌为镰孢属真菌。发病后植株会变得矮小，叶片发黄，根茎均会变黑，主要特征在于植株下部叶片边缘变黑。

图 2-6　蚕豆根腐病症状

土壤带菌是病害发生的主要原因，病菌可以在种子上存活或传带，种子带菌率 1.2%～14.2%，导致病害远距离传播和新区病害发生。在田间，病菌通过雨水或灌溉、农具及人畜活动等传播。地下水位高、土壤湿度大的地块，病害发生严重。如遇土壤中磷钾肥严重不足可导致蚕豆对病菌抵抗力下降进而引起该病流行。

防治方法：

（1）农业防治。与其他作物轮作 3 年以上，以减少土壤中病菌的数量；选择排水好的田块或高垄栽培，合理密植；收获后清除田间病残体并深翻土壤；

施用充分腐熟的有机肥、磷肥和钾肥，提高植株抗病力。

（2）药剂防治。用多菌灵、敌可松、苯菌灵等药剂拌种或进行种子包衣。发病初期用50%多菌灵可湿性粉剂600倍液，或70%甲基硫菌灵可湿性粉剂500倍液等药剂喷施植株茎基部或灌根，每株喷或灌250毫升，7～10天1次，连续防治2～3次。

五、识别与防治蚕豆枯萎病

蚕豆枯萎病主要发生在南方蚕豆种植区，田间发病率一般低于5%，但在长江中下游地区发生较重，对生产有一定影响。

病害发生与土壤含水量、温度、土壤类型、耕作制度和栽培措施等关系密切。土壤相对含水量低于65%，病害较重；土壤相对含水量达75%以上时，病害发展慢。土温23～27℃时有利于病菌的生长。蚕豆初荚期如遇高温，则病害发展迅速。土壤偏酸性（pH 6.3～6.7）、黏重、贫瘠，地势低洼、排水不良和连作地枯萎病发生重，线虫或地下害虫危害可以加重病害的发生。

防治方法：

（1）农业防治。种子包衣或药剂拌种；轮作；清除和销毁病残体；增施磷钾肥；高垄栽培；选用抗（耐）病品种。

（2）药剂防治。多菌灵、防霉宝、苯菌灵等药剂均可选用。

六、识别与防治蚕豆细菌性茎疫病

蚕豆细菌性茎疫病在云南发生普遍，对生产有较大影响。此外，江苏和青海也有蚕豆细菌性茎疫病发生。

病害的初侵染源来自土壤中或病残体上的病菌及种子带菌。病菌通过风雨传播，从植株气孔或伤口侵入。天气干燥时，病情发展缓慢，高温多湿有利于发病。早播、连作、平播、过早灌水、田间积水、管理粗放、土壤贫瘠的田块发病重；漫灌易造成病菌随水流传播而导致病害流行。

防治方法：

（1）农业防治。选用目前已筛选出的抗病品种；建立无病留种田，防止种子带菌；及时拔除中心病株，减少传播菌源；轮作、收获后及时清除田间病残体，并及时焚毁或深埋。

（2）药剂防治。发病初期，喷施72%农用硫酸链霉素可湿性粉剂或新植霉素4 000倍液，或50%琥胶肥酸铜可湿性粉剂500倍液，或30%碱式硫酸铜悬浮剂400倍液，7～10天1次，防治2～3次。

七、识别与防治蚕豆病毒病

蚕豆病毒病不但种类多，而且发生重，导致减产、降质，受害重时结荚少，褐斑粒多，不但影响产量，而且常因褐斑粒而降质、降价，出口也受到限制。我国已经发现并报道的蚕豆病毒病有6种，其中分布最广、危害较重的为菜豆黄花叶病毒（BYMV）病，在云南蚕豆田随机采集的标样中，菜豆黄花叶病毒的侵染率高达96%，而在具有病毒症状的样本中，侵染率为100%。

植株叶片为系统花叶。在幼叶被侵染初期出现明脉，后表现为轻花叶、膜带以及褪绿。

病毒通过摩擦、蚜虫、种子传播。在蚕豆上种传率为4%～17%；传毒蚜虫有20多种，以非持久方式传毒；带病毒种子和来自其他发病作物的带毒蚜虫是最主要的初侵染源。

防治方法：

可以通过种植抗病品种、用健康的种子、药剂防治蚜虫、清洁田园和铲除杂草等方式进行防治。

八、识别与防治蚕豆象

蚕豆象发生普遍，主要为害种子，同时对鲜豆粒速冻产品质量影响也很大。蚕豆象为每年发生1代，在结荚时幼虫可蛀入豆粒中，随后进入仓内继续为害。如不予以控制，蚕豆象可在贮藏期造成50%～90%的豆粒穿孔，发芽率降低20%以上。

防治方法：

（1）将蚕豆种子置于阳光下暴晒，可杀死种子内豆象害虫。

（2）在蚕豆开花前期进行田间防治，可选用90%晶体敌百虫或2.5%高效氯氟氰菊酯乳油、20%氰戊菊酯乳油3 000倍液、2.5%联苯菊酯乳油3 000倍喷雾，7天后再防治1次，最好连续3次。在蚕豆收获后半个月，将脱粒晒干的籽粒置入密闭容器内，用硫酰氟熏蒸，温度在15℃以上时用量为12～15克/立方米，处理72小时。

九、识别与防治蚕豆蚜虫

蚕豆蚜虫——苜蓿蚜是为害蚕豆的主要害虫之一，繁殖迅速，繁殖能力强，在气温上升、温暖的条件下繁殖加快。蚜虫可直接吸食植物液汁，使其枯萎，叶片变得卷曲、皱缩、发黄，嫩荚变黄，影响蚕豆生长，甚至死亡。其排泄物也可诱发煤污病的发生，导致叶片光合作用减弱。同时，苜蓿蚜也是豆类作物病毒病的重要传毒介体。一般受害植株都会呈现叶片发黄卷曲、植株矮小、发育迟缓等情况。

防治方法：

（1）喷施 50%抗蚜威可湿性粉剂 2 000 倍液或 10%吡虫啉可湿性粉剂 2 500 倍液、绿浪 1 500 倍液。

（2）保护地可采用高温闷棚法，在作物收获以后用塑料膜将棚室密闭 4～5 天，消灭其中虫源。

十、识别与防治潜叶蝇类

常见的有南美斑潜蝇（拉美斑潜蝇）、美洲斑潜蝇（蔬菜斑潜蝇）等。主要通过幼虫潜入蚕豆叶片表皮下，取食绿色组织，造成不规则的灰白色线状通路，进而影响叶片的光合作用。为害严重时，叶片组织可全部受害，叶片布满蛀道，其中以植株基部叶片受害最重，可导致枯萎死亡。

防治方法：

（1）在成虫盛发期或幼虫潜蛀时，选择兼具内吸和触杀作用的杀虫剂，如 90%晶体敌百虫 1 000 倍液或 2.5%高效氯氟氰菊酯乳油 4 000 倍液、20%阿维·杀虫单微乳剂1 000 倍液，任选一种喷雾。

（2）在受害作物单叶片有幼虫 3～5 头时，掌握在幼虫 2 龄前，在上午 8：00—11：00露水干后幼虫开始到叶面活动，或者老熟幼虫多从虫道中钻出时，喷施 25%斑潜净乳油 1 500 倍液或 1.8%爱福丁乳油 3 000 倍液。

（3）释放姬小蜂、反颚茧蜂、潜蝇茧蜂。

●课外小知识

蚕豆美食

金沙蚕豆： 去皮蚕豆仁 200 克，熟咸蛋黄 6 个，鸡蛋黄 1 个，玉米淀粉 35 克，盐少许。蚕豆仁去皮掰成 2 瓣备用，鸡蛋黄加入蚕豆仁中拌匀，加玉米淀粉让每瓣蚕豆仁都裹上一层薄淀粉，油温烧至 5 成熟，加蚕豆中小火炸 5 分钟，捞出沥油备用。碾碎熟咸蛋黄，过筛备用。另起一平底锅倒适量玉米油，加咸蛋黄末小火炒至冒泡，下炸好的蚕豆仁翻炒均匀，最后加入食盐调味即可。

香酥蚕豆仁：蚕豆仁200克加入一勺盐（5克）、一勺胡椒粉（1克）、一勺孜然粉（1克）和一勺油（5克），搅拌均匀，放入空气炸锅。180℃先烤10分钟，翻面撒盐再烤5分钟即可。

凉拌蚕豆：新鲜蚕豆水煮后，掰成2瓣，把洋葱切丁过几次冷水（除辣）撒在蚕豆瓣上，加盐、橄榄油、柠檬汁和大量香菜，拌好即可。

实践活动

请同学们调查当地蚕豆生产中存在的问题。

思考题

1. 简述蚕豆生长发育对生态条件的要求。
2. 蚕豆落蕾、落花、落荚的原因是什么？如何防治？
3. 为什么要对蚕豆摘顶？操作要点是什么？
4. 比较分析蚕豆赤斑病、褐斑病和叶斑病的发病症状特点。
5. 查阅相关文献，探寻蚕豆的起源与分类。

项目三　豌豆生产

学习目标

知识目标

• 了解豌豆的营养价值和经济价值，我国的主要豌豆生产区，豌豆的生长发育特性，熟悉生产上常见的豌豆品种，掌握豌豆生产的实用技术要点。

能力目标

• 能根据我国各地区的气候条件选择合适的豌豆品种；能做好播前准备工作，适时播种；掌握豌豆田间管理技术，预防豌豆早期冻害，适时采收提高经济效益；能正确识别豌豆常见的病虫害症状并采用合理的防治技术等。

豌豆（*Pisum sativum* L.）又名蜜糖豆或蜜豆（圆身）、青豆或荷兰豆（扁身）（图 3-1）。属豆科蝶形花亚科，野豌豆族的 5 个属中的一个。豌豆原产地中海和中亚细亚地区，主要散布在亚洲和欧洲。目前我国豌豆生产主要分布在中部、东北部等地区，主要产区有四川、河南、湖北、江苏、青海、江西等地。豌豆作为粮食和蔬菜，具有较高的营养和经济价值。其主要特点如下。

（1）营养价值高。据分析，其蛋白质含量高于禾谷类作物 1 倍左右，特别是它含有人体必需的 8 种氨基酸。除了蛋白质、碳水化合物及少量脂肪外，钙、磷、镁、钠、钾等无机盐也非常丰富，尤其是每 100 克干豆粒中磷的含量高达 400 毫克，丰富的磷既是构成骨骼和牙齿的主要成分，又是细胞核蛋白和各种酶的主要成分，还有帮助体内三大代谢和调节酸碱平衡等作用。此外，还含有粗纤维、胡萝卜素及硫胺素、核黄素、烟酸等多种维生素，尤其是维生素 C 含量居所有鲜豆中第一。维生素 A 的含量比黄豆高 20 倍，常食豌豆可预防

图 3-1 豌豆

夜盲症。豌豆中含有的物质有抗菌消炎等保健作用及增强人体新陈代谢的功能。

（2）豌豆的豆粒、嫩荚（图 3-2）、嫩梢均可食用。豌豆可加工制成粉丝、酱油、淀粉、罐头等食品，豆渣可作饲料。豌豆生产的经济效益比一般瓜菜高出数倍。

（3）茎叶为优质绿肥。据测定，每亩豌豆鲜茎叶肥效相当于硫酸铵 20 千克，过磷酸钙 7 千克，硫酸钾 5 千克。豌豆的根有根瘤，根瘤内充满根瘤菌，可固定空气中的游离氮素，因此种植豌豆对培养地力、改良土壤有显著效果。

近年来随着消费能力提升，我国市场对豌豆的需求不断上升。但我国豌豆产量呈现下滑态势，2019 年我国豌豆产量为 19.8 万吨，而行业豌豆消费量约 220 万吨。在产量不断下降的背景下，全国农业技术推广服务中心为推进农业产品产业种植结构调整，因地制宜发展豌豆生产，提出了 2021 年豌豆生产技术意见。例如，江苏、浙江、安徽、福建、江西、河南、湖北、湖南、广东、广西、重庆、四川、贵州、云南等鲜食豌豆产区，根据市场需求选择适合菜用的豌豆品种，包括鲜食籽粒豌豆、鲜食荚豌豆、鲜食茎叶豌豆等。

图 3-2　豌豆嫩荚

任务一　认识豌豆

豌豆的根为直根系，侧根少，但根瘤发达，在较贫瘠的土壤上能较好生长。茎近四方形，中空而质脆。主茎上一般发生 1～3 个分枝。其叶为偶数羽状复叶，有小叶 1～3 对，顶端 1～2 对小叶变成卷须，具有攀缘性。托叶大而抱茎，叶表面无茸毛，但有蜡质或白粉。花为单生或短总状花序，每个花序着生 1～3 朵花，结荚 1～2 个。蝶形花，花冠白色、紫色或两者的中间类型，自花授粉（图 3-3）。食荚豌豆的荚，长而扁平，长 6～15 厘米不等，宽 1.5～4 厘米；食粒豌豆的荚较短、较窄或较宽。荚内一般有种子 2～8 粒。谢花后，最初是豆荚发育，种子不发育。8～10 天后荚果停止伸长，种子开始发育。软荚豌豆的成熟种子一般皱缩。

豌豆在豆类中是耐寒性最强的。其种子 2～3℃以上即可发芽，但发芽适温为 18～20℃；幼苗期生长适温为 12～16℃，可耐－5～－4℃的低温；开花期最适温度为 15～18℃，5℃以下开花减少，20℃以上的高温干燥天气，受精率低，种子减少；结荚期最适温度为 18～20℃，25℃以上植株生长衰弱，28℃以上落花、落荚严重；豌豆的花芽分化需要低温条件，冬性品种需 0～5℃的低温，春性品种在 15℃以上即可。

豌豆一般为长日照植物，尤其在结荚期要求较强的光照和较长的光照时

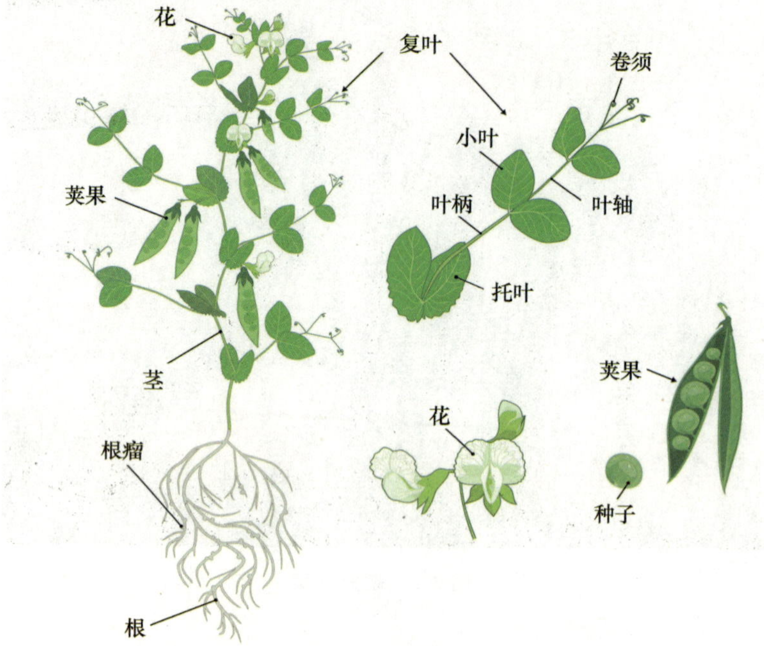

图 3-3 豌豆植株

间。也有相当一部分品种对光照长短要求不严，但在长日照下能提早开花，缩短生育期。因此，将南方品种引到北方栽培，一般都能提前开花结荚；反之，北方品种引到南方则延迟开花结荚或不能开花结荚。

豌豆的耐旱能力较强，但不耐空气干燥，喜湿润气候，又不耐雨涝。开花时最适空气湿度为 60%～90%。另外，豌豆虽然对土壤适应性较广，但以疏松、富含有机质的中性或微酸性黏质土壤最适宜。豌豆最忌连作，生茬地栽培最好。对氮肥需求相对较少，但前期应适当追施氮肥；对磷肥要求较多。

任务二　选用良种

选用优良的豌豆品种对获得高产也十分重要。中国地域辽阔，自然气候条件复杂，根据各栽培区气候、土壤、耕作方式的不同，要选用不同的良种，才能发挥豌豆的增产潜力。北方春播区以及东南沿海和内陆省份的“麦、豌、棉”三套三熟区，选用早中熟品种为宜；南方秋播区以中晚熟品种较为合适。

随着豌豆育种、国外引种和品种资源研究的开展，目前国内已有了不少良种可供选择。适合我国南方地区的半无叶株型硬荚品种，如云南农科院采用常规杂交育种程序育成的‘云豌 1 号’，具有中熟、矮秆、中抗白粉病等突出特点，适宜云南省海拔 1 100～2 400 米的蔬菜产区，以及近似生境区域栽培种植。普通株型硬荚品种，如‘中豌 4 号’和‘中豌 5 号’以及‘中豌 6 号’，具有中早熟、矮秆、中粒、高产的特点，在四川、浙江、江西、江苏、广东、湖北、河南、安徽等地已较大面积推广；四川农科院育成的‘团豌 2 号’及‘成豌 6 号’等系列品种，具有耐旱耐瘠，适应性强而且高产的特点，适于南方秋播区种植。软荚品种如四川农科院育成的食荚‘大菜豌 1 号’，嫩荚品质优良，味美可口，适宜江苏、安徽、河南、四川等地栽培；上海农科院引进的‘白花小荚’，嫩荚品质佳，商品性好，抗寒、抗热、抗病虫能力强，是江、浙地区速冻出口的主栽品种；江苏镇江农科所选育的‘镇江 8607’，具有晚熟、耐寒性强、产量高、品质中等的特点；从亚洲蔬菜研究发展中心引进的品种‘台中 11’，嫩荚肥厚多汁，口感清脆香甜，适于福建、华南沿海等地种植。

北方豌豆有不同变种，按茎的生长习性分为蔓生、半蔓生和矮生；按成熟期早晚分为早熟品种、中熟品种和晚熟品种。其中：①早熟品种有上海农学院育成的“蜜脆”，属软荚种，荚多汁，味甜，含糖 12%，嫩豆粒含糖 13%；中国农科院育成的‘中豌 5 号’和‘中豌 6 号’，属硬荚种，适应性强，耐寒、抗旱，抗白粉病，适宜在华北、华东、东北、西北、西南等地推广。②中熟品种有江苏植物所选育的‘中山青食荚豌豆’，嫩荚色深，质脆，味甜，适应性强，对土壤要求不严，适宜苏北、山东等地春播；甘肃省定西地区旱地农业研究中心选育的‘定豌 2 号’、‘定豌 3 号’、‘定豌 4 号’，具有大粒、耐贫瘠、抗旱、产量高、品质好，适宜在甘肃定西地区的大部分区域作为主栽品种，尤其是在根腐病重发区，可作为抗病品种推广种植。③晚熟品种有四川农科院选育的食荚‘甜脆豌 1 号’，鲜荚清香，味甜，品质佳，北方春播宜早，可采用地膜覆盖；国外引进的‘大荚荷兰豆’，荚脆嫩，清甜，纤维少，品质优，不抗白粉病，生长期长，适合秋冬季栽培；山西农业大学选育的‘晋软 3 号’，荚豆兼用，嫩荚脆甜，品质极佳。

任务三　选地整地

一、土地选择

种植豌豆的土地需要选择质地疏松、土壤肥沃、土层比较深厚的土地，且排灌设施完善，排灌比较便利。一般偏潮湿和偏黏渍土不适合种植豌豆，这两类土地种植豌豆，比较容易出现根腐病，豌豆植株长势差，甚至出现早衰等情况，产量极低。贫瘠的土地种植豌豆产量也相对较低，豌豆植株生长缓慢，豌豆颗粒小，品质不高。对于土壤的酸碱度而言，可以选择微酸性的土壤，也可以选择中性土壤。

豌豆忌连作，须实行3～4年轮作，是一种重要的倒茬作物。在各种耕作制度中，除单作外，还常用于轮作、间作、套种和混作。豌豆苗期生长缓慢，覆盖度小，要求田间无杂草，前作以中耕作物为好。在秋播区豌豆常作为水稻、玉米及甘薯的前茬或后作；在春播地区，豌豆常与玉米、棉花、高粱、茄果类、瓜类等作物间作套种，或种于田边地角，或作为粟、玉米、甘薯和马铃薯的前作，也可与大麦、春小麦、燕麦等间作或混作。豌豆作为禾谷类作物的前作不仅可以提高禾谷类的产量，还能提高其蛋白质含量，改善禾谷类作物种子的品质。种植豌豆不仅能促进土壤中氮素的积累，而且能改善土壤的物理性状，是轮作中的好茬口。同时由于豌豆在一年中成熟期较早，收获时对劳力的要求分散，便于夏熟作物收获和夏播作物播种时劳力的安排。

二、整地做畦

在播种之前首先要进行整地做畦，整地时一般选择翻犁一次，耙地一次，确保土地平整，没有较大的土块。做畦时畦宽保持在75～80厘米，沟宽保持在30厘米左右，做成高畦深沟的形式，然后需要在畦中间位置开沟施基肥。基肥用量需要视土地土质情况确定，一般来讲每亩施土杂肥1 400～1 850千克，过磷酸钙40～50千克，然后覆土，以满足幼苗生长。

任务四　播　　种

一、播种时间

豌豆较耐寒而不耐热，适时播种是夺取高产的关键。随气候条件的不同，豌豆在中国有春播和秋播之分。自陕西省关中平原向东沿陇海铁路到海边为其分界线，此线以南及西南地区，一般在10—11月秋播。若播种过早，会因气温过高，造成徒长，降低苗期的抗寒能力，容易受冻；若播种过迟，会因气温低，出苗时间延长，影响齐苗，冬前生长瘦弱，成熟期推迟，百粒重下降，产量也不高。长江中下游地区一般以10月下旬至11月上旬播种为宜，华南及西南南部在9月中下旬至10月中下旬均可播种。

自关中平原沿陇海铁路以北及西北地区，应抓住当地开春时气温回升，平均气温稳定在0～5℃时，即2月下旬至4月上旬，顶凌播种。早播能使豌豆出苗后仍处于较低温度条件下，主茎生长缓慢，基部节间也因此变得短而紧凑，有利于形成良好的株形和群体结构，春化作用也进行得较充分，有利于花蕾的分化和孕育，而且还比其他许多作物更早地利用大自然提供的光、温、水、土等条件，收获期提前；如果迟播，出苗后就处于较高温度条件下，主茎生长加快，基部节间较长，后期倒伏情况严重，而且春化作用进行得不充分，影响花蕾的分化，从而减少单株花荚数，降低产量。

因此，适期早播对于春播区的豌豆高产十分重要。少数地区如成都市郊和西昌地区，也有夏秋播种而冬季收获的实例，一年可种两季豌豆；在华北地区也可夏播秋收一年种两茬豌豆。就秋播区而言，豌豆极适于生长在有5个月冷季的地区；在冬季较短的其他地区也可种植豌豆，但产量降低。在北方春播地区应在不受霜冻的前提下尽量早播，以争取更长的适宜生长季节。

二、播种方式

豌豆的播种方式有条播、点播和撒播。播种量因地区、种植方式和品质而异，一般每亩播种量6～8千克，播种密度矮生种穴播行距30～40厘米，穴距15～20厘米，每穴4～5粒种子，条播株距5～8厘米；蔓生种穴播行距50～60厘米，穴距20～30厘米，每穴4～5粒种子，条播株距10～15厘米，覆土3～4厘米。

播种前精选粒大、饱满、整齐和无病虫害的种子，可直接播种，也可先进行低温春化处理。春化处理可以促进花芽分化，降低花序着生节位，提早开花，提早采收，增加产量。春化处理的方法是：在播种前先用15℃温水浸种，水量为种子容积的一半，浸2小时后，上下翻动一次，使种子充分浸润，种皮发胀后捞出，放在泥盆中催芽，每隔2小时用水清洗一次，约经20小时，种子开始萌动，胚芽露出，然后在0～2℃低温水中处理10天，便可取出播种。播种时采用根瘤菌拌种，可增产24.1%～68.3%。

蔓生性品种当株高为25厘米时应搭架供其攀缘生长。可在春节前收割1～2次嫩头供食用，采摘嫩头后喷施适量尿素，不影响豌豆的产量。

在江苏淮安、泰州等地区，近几年兴起了一种新型的利用地膜覆盖进行豌豆栽培的新方法，该方法在不改变原有种植密度的前提下，在播后苗前采用地膜对豌豆进行覆盖。由于地膜的保水、控草、防病、促早熟等综合效果，一般亩产增加30%以上，经济效益增加50%左右。

任务五　田间管理

一、中耕与除草

豌豆一般不需疏苗、定苗，但是，豌豆苗期生长缓慢，杂草生长迅速，如不及时处理，有可能会造成草荒。因此在中耕阶段实施2～3次的除草工作，能够更好地疏松土壤，地温也得到一定程度的提升，同时，能够减轻豌豆叶片卷须相互缠绕的情况，进而促进根系的良好发育。

二、水肥管理

处于苗期的豌豆，还不能很好地适应环境，会出现生长缓慢的情况。因此需要在现蕾开花时少量浇水，干旱时可提前浇水。同时结合浇水，每亩追施速效氮肥10千克或浇人粪尿500～1 000千克，加速营养生长，促进分枝。随后松土保墒，待基部荚果已坐住，浇水量可稍大，并追施磷钾肥，每亩可用复合肥20～30千克和过磷酸钙10～15千克浇施或沟施，结荚期可在叶面喷施0.3%磷酸二氢钾。这样，可增加花数、荚数和种子粒数。结荚盛期保持土壤湿润，促使荚果发育。待结荚数目稳定、植株生长减缓时，减少水量，防止植株倒伏。蔓生和半蔓生性豌豆，株高30厘米左右时需立支架，豌豆茎蔓嫩而密集，宜用矮棚式或立架，保持田间通风透光，以利于爬蔓。

豌豆田忌过度干旱或者积水，雨天时要注意豌豆田的排水，避免出现积水的情况，保证雨过即干。在高温干旱时，要及时补充水分，保持豌豆田土壤湿润，尤其在采收中后期，必须要保证豌豆田土壤湿润，以免豌豆植株出现早衰或者根腐病，影响豌豆产量。

三、及时采收

对于软荚豌豆荚，如果收嫩荚上市，往往在荚果未充分伸长时，即开花后12～14天开始采收，此时籽粒尚小。因豌豆花期较长，收获时荚果大小有相当大的差异，手工采摘是最普遍的收获方式。秋播区一般采收4～5次，春播区一般采收2～3次。在欧美发达国家，也有用机械采收的。当从荚壳外面可以明显看出种子之间的缢痕时，其市场价格就会显著降低。如果收获延迟，产量会高些，但是品质会下降。因此，最理想的收获期应在荚壳表面可以明显看出种子间缢痕之前。

青豌豆粒是食用豆类中最普遍的一种豆粒蔬菜，通常在开花后18～20天时开始采收。以家庭做菜或上市为目的的豌豆，都是手工采摘。有些种植者是分次采收的，一般早熟矮生品种分1～2次采收，中、晚熟蔓生品种分2～3次采收；另一些则一次性采收，即在适当时期将豌豆拔起，然后摘下上面所有的荚。虽然后一种采收方法用工较少，但不及前一种方法收得的豌豆产量高、质量好。在欧美发达国家，青豌豆用于速冻和制罐头时，往往采用机械收获和脱粒，茎蔓被收割碾碎后翻入地下作肥料。以出售鲜荚为目的时，应在籽粒充分膨大但尚未成熟时进行收获，并将采下的荚果尽快冷藏，减缓其糖分转变成淀粉的速度。剥出的籽粒比仍在荚壳内的更易变质。20℃以上的温度时，寄生虫生长迅速并蛀食籽粒。低温贮藏可以延长已脱或未脱壳籽粒的保质期。

收获成熟籽粒，应在绝大多数荚变黄但尚未开裂时连株收获。植株收获后，接近成熟的荚果会继续成熟。如果等过多的荚干枯时再收获，裂荚损失会很严重。联合收割机收获时，种子含水量在21%～25%最为合适。中国豌豆种植一般很分散，多为人工采摘或连株收获，或用镰刀收割。

任务六　识别与防治冻害

豌豆属冷季豆类，要求温暖而湿润的气候环境，耐寒能力不及小麦、大麦。豌豆冻害常发生于植株生长早期或花荚期间，生长点死亡并且叶片会出现不规则的坏死斑，一般豌豆品种在苗期能耐－4℃的低温，在－5℃以下即会受冻害。不同生育阶段生物学起始温度：发芽出苗2～4℃（最适温度为9～12℃），营养器官形成7～8℃（最适温度为14～16℃），生殖器官发育6℃（最适温度16～20℃），结荚6.5℃（最适温度为16～22℃）。低于起始温度时，豌豆就会出现不同程度的冻害。用于速冻加工、生育期短的中豌系列遇寒流冻害更加严重。在南方地区，豌豆在三种情况下易受冻害：一是冬季比较干旱，水分不足，形成干冻，寒潮来临时易受冻害。二是豌豆进入越冬，因气温高，生长旺盛，寒流袭击时气温骤降而受冻。三是强寒潮连续袭击，温度低，时间长而受冻。冻害的机理是细胞结冰引起原生质过度脱水，破坏原生质蛋白质分子的空间构型。同时，结冰最易伤害膜结构，使膜蛋白凝聚，脂类层破坏。膜破坏，代谢就紊乱，最后导致细胞死亡。

具体来说，预防豌豆冻害主要做好以下几方面的工作。

（1）整地时每亩撒施腐熟猪牛粪1 000～1 200千克、钙镁磷肥30千克做基肥，翻耙于土壤中。播种前事先开好相连相通的围沟、腰沟和畦沟，以利于灌水、排水。最好不要用化肥做基肥，以免降低植株的抗冻能力。

（2）播种后在畦面覆盖稻草或一薄层草木灰，有利于保持和提高地温，有一定的防冻作用。生长期遇干旱，应每隔 7～10 天沟灌或穴灌水一次。霜冻或降雪前，用稻草等覆盖豌豆植株，有防止或减轻冻害的作用。一般寒潮结束后要及时掀开，以防各种病虫害。

（3）冻害出现 15～20 天前对植株喷洒 1～2 次 0.2%～0.3%磷酸二氢钾溶液，每亩、每次喷洒 25 千克，可明显提高植株的抗冻能力和产量。霜冻来临前的 1～2 天浇一次防冻水，可缓解冻害的发生。有条件的实行设施保护栽培，从根本上杜绝冻害的发生。

（4）清沟排水，防止积水结冰。豌豆遇冻后目前最主要的措施是开沟排渍，确保“三沟”（围沟、腰沟、畦沟）畅通，田间无积水，避免渍水过多妨碍根系生长，做到冰冻或雪融化后生成的水能及时排掉，从而有利于冬作物生产的快速恢复。

如果已经发生了冻害，主要补救措施如下。

加强冻后田间管理。及时松土和根际培土，破除土壤表层冰块，提高土壤温度，促进豌豆生长。寒流过后及时查苗，及时摘除冻死叶，拔除冻死苗，对由于表土层冻融时根部拱起土层、根部露出、幼苗歪倒等造成的“根拔”苗，要尽早培土壅根。解冻时，及时撒施一次草木灰或对叶片喷洒一次清水，对防止冻害和失水死苗有较好效果，可有效减轻冻害损失。灾后适当追施一些速效氮磷钾肥，以增强豌豆对冻伤的修复。豌豆受冻后，叶片和根系受到损伤，必须及时补充养分。要普遍追肥。每亩追施 3～5 千克尿素，长势较差的田块可适当增加用量，使其尽快恢复生长。在追施氮肥的基础上，要适量补施钾肥，每亩施氯化钾 3～4 千克或者叶面喷施磷酸二氢钾 1～2 千克，以增加细胞质浓度，增强植株的抗寒能力，促灌浆壮籽。

加强测报，防治病虫害。豌豆受冻后，较正常植株更容易感病，要加强病虫害的预测预报，密切注意发生发展动态。冻后也可及时喷洒 800 倍液 75%百菌清可湿性粉剂或 1 200～1 500 倍液 5%腐霉利可湿性粉剂等，每亩喷洒药液 25～30 千克，防治多种病害。

任务七　识别与防治病虫害

一、识别与防治豌豆白粉病

豌豆白粉病（图 3-4）广泛发生在我国各豌豆种植区，是豌豆生产中发生最普遍的病害。白粉病在白天温暖、干燥，夜间冷凉至能够结露的气候条件下发病最重。分生孢子萌发的最适温度为20℃，萌发和侵染不需要自由水，但空气潮湿能够刺激萌发。如果土壤干旱或氮肥施用过多，则植株抗病力降低，也容易发病。在适宜的气候条件下，可以造成较重的生产损失。

图3-4　豌豆白粉病田间症状

地上各部位均可受害，保护地栽培发生更为严重。发病初期叶正面呈白粉状淡黄色小点，后扩大呈不规则粉斑，以至连成一片，并使叶面、叶背覆盖一层白色粉末。发病后期粉斑上产生大量黑色小粒点，进而全叶枯黄，茎蔓干缩。

防治方法：

(1) 农业防治。种植抗病品种；收获后及时清除病残体，并及时集中烧毁或深埋，减少初次侵染源；加强栽培管理，合理密植，多施磷钾肥，以增强植株抗性。

(2) 药剂防治。病害始发期前后可喷施25%粉锈宁可湿性粉剂2 000倍液，或50%苯菌灵可湿性粉剂1 500倍液等。重病田7～10天喷1次。

二、识别与防治豌豆霜霉病

豌豆霜霉病（图 3-5 至图 3-7）在我国南方及西北豌豆种植区均有发生，一般在气温 20～24℃的雨季易引起该病流行。该病主要为害叶片。发病初期叶片上出现褪色斑，病原菌分布叶背或叶面，白色至淡紫色。嫩梢易发病，叶背面有淡紫色霉层，最后布满全叶，引起叶片枯黄而死。

图 3-5　豌豆霜霉病为害植株下部叶片症状

图 3-6　豌豆霜霉病为害植株上部叶片症状

防治方法：

（1）农业防治。选用在田间表现抗病品种的健康种子；与非寄主作物实行

图 3-7　豌豆霜霉病在老株上的症状

轮作，减少初侵染源；收获后及时清除病残体，并及时集中烧毁，耕翻土地；加强栽培管理，合理密植，降低田间湿度。

（2）药剂防治。用 25%甲霜灵可湿性粉剂以种子重量的 0.3%拌种；发病初期喷施 90%乙磷铝可湿性粉剂 500 倍液，或 72%克露可湿性粉剂 800～1 000 倍液，或 72%普力克水剂 700～1 000 倍液，或 69%安克锰锌可湿性粉剂 1 000 倍液等。

三、识别与防治豌豆褐斑病

豌豆褐斑病（图 3-8 至图 3-10）发生在我国各豌豆种植区，是豌豆生产中普遍发生的病害，会造成一定的产量损失。温暖、潮湿多雨的天气有利于病害的发生与蔓延。该病主要危害叶片、茎蔓和豆荚。叶片发病时产生圆形淡褐色至黑褐色的病斑，病斑边缘明显，病斑上有针尖大小的黑点。茎蔓发病时病斑为褐色至黑褐色，纺锤形或椭圆形，病斑稍凹陷。病斑向内扩展至种子上，引起种子带菌，种子上的病斑不明显，湿度大时呈污黄色或灰褐色。

防治方法：

（1）农业防治。种植抗病品种；实行轮作；收获后及时清除病残体。

（2）药剂防治。发病初期喷施 75%百菌清可湿性粉剂 600 倍液，或 50%多菌灵可湿性粉剂 600 倍液，或 70%代森锰锌可湿性粉剂 500 倍液，或 53.8%可杀得 2 000 干悬浮剂 1 000 倍液，或 45%晶体石硫合剂 250 倍液，10 天左右喷 1 次，连喷 2～3 次。

图 3-8　豌豆褐斑病为害叶片症状

图 3-9　豌豆褐斑病严重感染植株导致下部茎的环剥

四、识别与防治豌豆褐纹病

豌豆褐纹病广泛发生在我国豌豆种植区，是豌豆生产中重要病害之一，一般造成 15％～20％的产量损失，严重时减产高达 50％。田间湿度大、倒春寒、低温环境、田间管理差常常导致发病重。该病是由子囊菌亚门的豌豆球腔菌引起的真菌病害。病菌以菌丝体附着种子越冬，随种子发芽侵入幼苗发病。开花结荚期多雨发病重，低洼地、黏重地、氮肥过多、幼苗受冻易发病。叶、茎、荚均可发病。叶上病斑圆形，周围淡褐色，中央黑褐色至紫黑色，并产生轮纹；近地茎部发病产生椭圆形黑褐色斑，中部稍凹陷，斑上产生小黑粒点；豆荚症状与茎部相似。荚上病斑侵染种子，使其表面产生不规则斑纹。

图 3-10 豌豆褐斑病为害豆荚症状

防治方法同“豌豆褐斑病”。

五、识别与防治豌豆根腐病

豌豆根腐病（图 3-11）主要发生在福建、江苏、甘肃、青海，对局部豌豆生产有一定影响，病原菌是丝囊菌属真菌。豌豆全生育期都能被侵染，如果土壤中病菌数量大和土壤潮湿，播后 10 天豌豆地上部就可出现症状，在 22～28℃时症状发展迅速。病部产生的卵孢子存于土中，遇水后释放游动孢子从幼茎或根部侵染。幼苗期遇多雨、温度低、土壤水分高易发病，重茬、低洼地发病重。

图 3-11 豌豆根腐病田间症状

豌豆根腐病主要在幼苗期发生。初期在茎基部呈水渍状，不久病部缢缩、倒伏。下部叶变黄干枯，主根变褐腐朽。病较轻时虽可继续生长，但生长缓慢。

防治方法：

（1）农业防治。选用抗病、耐病品种；与禾本科等非寄主作物轮作，可以减轻病害的严重程度；适时播种，控制植株密度，雨后及时排水以降低土壤湿度。

（2）药剂防治。用种子重量0.3%的25%甲霜灵拌种或种子包衣。

●课外小知识

豌豆美食

豌豆酸奶糕：豌豆100克，清水200克，玉米淀粉60克，酸奶600克，蜜豆20克。豌豆煮熟，再加清水打成汁过滤一遍。加20克玉米淀粉小火炒到黏稠，铺在碗底。酸奶加40克玉米淀粉炒匀，黏稠后加入红豆，铺在豌豆糕上。冷藏凝固后切块即可。

肉末豌豆：250克豌豆放入水中，水开小火煮10分钟备用。锅里放油，油热放200克肉末，炒散变色，放一勺豆瓣酱，一勺老抽，两勺生抽，再放入备用豌豆，加一碗水小火煮两分钟。用一勺淀粉加半碗水调成水淀粉，起锅前加入水淀粉，大火熬至浓稠，再放入盐调味即可。

豌豆虾仁：虾仁加少许蛋清、盐、淀粉抓匀。起锅热油，将腌制的虾仁煎至七八分熟，捞出备用。用锅内余油，爆蒜末、葱段后，加入豌豆仁、少量水、适量盐，炒至豌豆青色，再加入煎过的虾仁翻炒。最后加入少许水淀粉勾芡，淋上少许香油，出锅。

实践活动

请同学们调查当地豌豆生产中存在的问题。

思考题

1. 豌豆具有哪些营养价值和经济价值？
2. 简述豌豆生长发育对生态条件的要求。
3. 我国南方地区豌豆常采用哪种耕作方式？
4. 豌豆发生冻害的原因是什么？如何预防豌豆冻害？
5. 我国长江流域地区的豌豆容易发生哪些病害？如何防治？

项目四　绿豆生产

学习目标

知识目标

·了解绿豆的分布和产量，绿豆的生长发育特性，熟悉生产上常见的绿豆品种，掌握绿豆生产的实用技术要点。

能力目标

·能根据我国各地区的气候条件选择合适的绿豆品种；能做好播前准备工作，适时播种；掌握绿豆田间管理技术，及时补苗间苗，做好水分管理措施，适时采收提高经济效益；能正确识别绿豆常见的病虫害症状并采用合理的防治技术等。

绿豆［*Vigna radiate*（L.）Wilczek］，英文名 Mungbean 或 Green gram，别名青小豆、菉豆、植豆等，在中国已有两千余年的栽培史。绿豆种子可供食用，也可提取淀粉，制作豆沙、粉丝等。绿豆洗净置流水中，遮光发芽，可制成芽菜，供蔬食。绿豆还可入药，有清凉解毒、利尿明目之效。绿豆全株是很好的夏季绿肥。

绿豆原产地在印度、缅甸地区，现在东亚各国普遍种植，非洲、欧洲、美国也有少量种植，中国、缅甸等国是绿豆主要的出口国。2013—2019 年全球绿豆种植面积呈上升趋势，据统计，截至 2019 年全球绿豆种植面积为 1 649.7 千公顷。近年来，全球绿豆产量逐年增长，截至 2019 年全球绿豆产量为 2 698.2 万吨。我国绿豆种植面积主要分布在中部地区与西部地区，种植面积分别占全国种植面积的 29%与 50%，东北地区占比 17%，东部地区占比 4%。

2019年内蒙古绿豆种植面积最大，达到158.9千公顷，占总种植面积比例为36.5%，其次是吉林省与山西省，种植面积分别为48.9千公顷与39.8千公顷。2014—2019年国内绿豆种植面积总体呈下降趋势，截至2019年我国绿豆种植面积为435.2千公顷。在产量方面，2016—2018年我国绿豆产量呈上升趋势，2018年我国绿豆产量为68.1万吨，截至2019年我国绿豆产量下降至57.3万吨。

任务一　认识绿豆

绿豆（图4-1）为一年生草本植物，植株有直立型、半蔓生型与蔓生型3种。半蔓生型与蔓生型顶部常为缠绕状，但这些生长习性不稳定，尤其是半蔓生型，在不同生态条件下会变成直立型或蔓生型。株高20～60厘米，羽状复叶具3小叶，叶柄长5～21厘米，叶轴长1.5～4厘米，小叶柄长3～6厘米。总状花序腋生，有花4至数朵，最多可达25朵；总花梗长2.5～9.5厘米；花梗长2～3毫米。荚果线状圆柱形，平展，长4～9厘米，宽5～6毫米，被淡褐色、散生的长硬毛，种子间多少收缩；种子8～14颗，淡绿色或黄褐色，短圆柱形，长2.5～4毫米，宽2.5～3毫米。花期初夏，果期6—8月。

图4-1　绿豆

绿豆是短日照、喜光又耐阴的植物，需要有一定的短日照条件才能正常开花结实。日照越短，开花结实成熟越早，植株生长较矮小；相反，日照延长，枝叶徒长，生育期延迟，有的甚至在霜前都不能开花。绿豆也是喜温作物，从播种到第一批荚成熟需要大于10℃以上的有效积温800～1 300℃，最适宜的生长温度为 18～30℃，但各生育阶段对温度的反应不同。幼苗能忍耐短期的低温，分枝形成期需要较高的温度，灌浆期需要一定的高温。生育后期，对温度的反应很敏感，一般低于 20℃时生长周期延长，低于 16℃停止生长，气温降至 0℃时植株就会冻死。温度过高，茎叶徒长，开花结荚少，落花落果严重。

绿豆适应性强，对土壤要求不高，一般皆可种植，从沙土到黏重土壤都能生长。但以土层深厚、疏松、透气性好、富含有机质、排水良好、保水力强的中性或弱碱性壤土最好。绿豆栽培最适宜的土壤 pH 为 6.5～7.0，一般不宜低于 5.5。但绿豆耐盐性较差，以土壤含盐量不超过 0.2%为好。在种植早期，土壤中水分含量在 50%左右就能完成出芽、盛开、结荚的全过程，但是在结荚浇灌期需适度增加浇灌幅度，可适量多浇水。绿豆常与玉米、高粱、棉花、甘薯、芝麻、谷子等作物间作，也可种于田埂及间隙地等。绿豆忌连作，因连作病虫害多，品质差，更因有害微生物繁衍而抑制根瘤菌的发育。同时，绿豆也是重要的肥地作物，是禾谷类作物的优良前茬。所以，种绿豆要合理安排土地，实行轮作倒茬，最好与禾谷类作物如玉米、高粱、小麦倒茬，不宜以大白菜为前茬，一般相隔 2～3 年为好。

绿豆中含蛋白质约 23.8%，碳水化合物 58.8%，脂肪 0.5%，并含有钙、磷、铁、胡萝卜素、维生素 B_1、维生素 B_2、维生素 E 和烟酸及多种矿物质元素。绿豆所含蛋白质主要为球蛋白，并含有赖氨酸、色氨酸、酪氨酸等多种氨基酸。具有清热消暑、降脂、抑制过敏、增进食欲、保护肾脏等功效。

任务二　选用良种

选用良种是提高绿豆产量、增加经济效益最直接的技术措施，尤其对于规模化种植，选用良种尤为重要。优良品种一般可增产 8%～10%。要选择高产、优质、抗病能力强、生育期适当的当地主推品种。新品种要经过当地种植试验验证再选用，严禁盲目求新。各产区应根据当地的生产条件，选用适宜的品种。一般中上等地块可使用‘中绿 1 号’、‘中绿 5 号’、‘鄂绿 2 号’、‘苏绿 1 号’、‘潍绿 4 号’、‘潍绿 5 号’等品种。如‘中绿 1 号’，夏播生育期 85 天左右，耐旱、抗倒、抗早衰、抗叶斑病，成熟较一致，平均亩产 100 千克以上；肥力较低的地块选用‘中绿 2 号’、‘南绿 1 号’、‘冀绿 2 号’、‘冀绿 7 号’、‘保 942-34’、‘保 861-10-6’、‘保 865-18-9’、‘辽绿 27’、‘吉绿 3 号’、‘大鹦哥绿 925’、‘白绿 6 号’、‘明绿 245’、‘D0317’等品种。如‘中绿

2号’,夏播生育期65天左右，耐旱、耐涝、耐瘠、耐阴，抗倒伏，抗根腐病、叶斑病和花叶病毒病，高产稳产，一般亩产100～150千克。各地区也可根据当地气候条件选用适宜的品种。如东北春播区，可选用‘鹦哥绿系列’、‘公绿1～4号’、‘中绿1～5号’等；华北春播区，用‘鹦哥绿系列’‘张绿1号’、‘冀绿9332’、‘冀绿9802’、‘中绿2号’等；西北春播区，用‘大名绿豆’等；华北及黄淮河流域夏播区，用‘冀绿7号’、‘冀绿8号’、‘保942-34’、‘冀绿2号’、‘中绿1～5号’、‘豫绿2～6号’、‘潍绿1号’、‘苏绿2～3号’等。

任务三 整地作畦

一、土地选择

绿豆抗旱，耐瘠薄，适应性较强，对土地的要求不高，只需要中等肥力的土地即可，不过最好可以选择土壤疏松、排水较好的壤土，因为绿豆是双子叶植物，出苗时子叶出土，顶土能力弱，若土壤板结、坷垃多，容易造成出苗不齐和缺苗断垄。绿豆的主根不发达，根浅、侧根很多。因此，种前应精细整地，耕地深度20厘米左右，耕后耙地整平，蓄水保墒，深耕最好结合施用有机肥。绿豆土地施肥应该要以农家肥为主，无机肥为辅，可以适当增加磷肥的比例。

需要注意的是绿豆不可以进行连作，选择土地时，前茬不能耕作过大豆等豆科作物。若绿豆进行连作，一方面根系分泌的酸性物质增加，不利于根系的生长；另一方面多年的连作，会使土壤噬菌体繁衍，会抑制根瘤菌的活动和发育，并使土壤中的磷转化为不溶性物质而难以被吸收利用，从而影响植株的正常生长发育，妨碍种子的形成；除此之外还会导致病害发生较重，如枯萎病、链格孢叶斑病、轮纹叶斑病、根腐病、立枯病、菌核病等。农谚有“豆地年年调，产量年年高”的说法，因此，要加强与高粱、玉米、小麦、谷子、糜子、荞麦、马铃薯、油葵等作物轮作倒茬。

二、整地施肥

春播绿豆应在年前进行早秋深耕，耕地深15～25厘米，深翻土地可以灭杀土壤深处的害虫，降低害虫出现的可能。结合耕地施用有机肥22.5～45.0吨/公顷。施肥要掌握有机肥与无机肥相结合的原则，施肥量可根据土壤肥力情况和生产力水平而定。在土壤含氮量偏低时（全氮含量低于0.05%），施用少量的氮肥有利于根瘤的形成。春季在绿豆播种10天前，再开展一次翻耕，此次翻耕要细致一些，做到随整地、随施肥、随起垄、随镇压，避免镇压过晚跑墒；如果是三犁川打垄，在原垄沟深趟一犁，把农肥和化肥一并施入沟内，然后合垄，这样有利于根系早生快长。每亩要追施1 000千克上下的有机肥或是50千克复合肥料作为底肥；在追施全过程时要撒播匀称，随后再将化肥与土壤打匀称；最终将地面变成垄面，垄面需净、平、细、碎，垄宽约为80厘米，沟深约25厘米，垄距60～65厘米。

任务四　播　　种

一、播种时间

（1）东北春播绿豆区。该区域适宜播期从5月中旬至6月上旬，其中，内蒙古东部、黑龙江西部适宜播期在5月中旬至下旬，早熟品种可以到6月10日左右；吉林西北部为5月上中旬至6月上旬；辽宁西北部为5月上中旬至6月中旬。

（2）华北春、夏播绿豆区。春播一般在5厘米土壤耕层温度稳定通过15℃时即可播种，在华北中南部地区一般在4月下旬至5月上旬播种，华北北部一般在5月中旬至下旬播种，早熟品种可推迟到6月10日左右，播种深度3～5厘米，播种后及时镇压。夏播一般于6月20日左右播种，最晚不迟于7月10日播种，播深3～5厘米，注意覆土一致。

（3）西北春播绿豆区。陕西、甘肃等春播区适宜播期为5月中下旬；新疆北疆春播5月上旬，南疆复播6月下旬至7月初。

（4）南方绿豆区。该区域绿豆种植多样，有春绿豆、夏绿豆和秋绿豆。春播适宜播期为4月上旬到5月上旬，夏播以6月上旬到7月上旬较好，作为救灾补种作物，夏播最晚可延迟到7月20日。

二、播种方法

绿豆播种方法有条播、穴播、撒播，面积大时以条播为主，行距40～50厘米，条播用种量大，约每亩2.5千克左右，一般中熟品种、肥力较好地块每亩留苗7 000～12 000株。套种混作和零星种植多采用等距穴播；穴播一般行距65厘米、株距10厘米，每穴3～5粒，每亩以8 000穴为宜，每亩用种量

1.5 千克。荒地或做绿肥以撒播较多。播种前，用种子重量 0.3% 的 50% 多菌灵可湿性粉剂拌种，预防根腐病。结合播种可将种子、种肥一次性施入，一般在施有机肥的基础上亩施种肥磷酸二氨 10～15 千克、尿素 1.5～2 千克、硫酸钾 3～5 千克。绿豆种植密度因品种特性、土壤肥力而异。一般早熟品种密播，晚熟品种稀播；直立型密播，半蔓生型稀播，蔓生型更宜稀播；肥沃地稀播，薄地密播；早种稀播，晚种密播。

播种深度对幼苗出苗有很大影响，绿豆种子萌发需要足够的氧气和水分。要依据土壤性状、土壤水分及种粒大小及播种时期等因素来确定。过浅，水分不足，容易落干；过深，土壤空气少，幼苗出土困难。在黏重土壤和土壤水分较多时，播种深度要浅点，以 3～4 厘米为宜；土壤质地疏松，水分不足时，播种可深些，可深至 4～5 厘米。农民提出“一寸浅，二寸深，一寸半播种要认真”的说法。7—8 月雨水较多，气温高，应浅些；5 月土壤水分蒸发快，气温低，播撒应适当深一些。

任务五　田间管理

一、补苗间苗

1. 镇压补苗

播种墒情差的地块，播种后要及时镇压，随种随压，使种子与土壤充分接触，增加表层土壤水分，促进种子萌发、早出苗、出齐苗。出苗后，查找缺苗断垄处，在 5 天内进行补种。

2. 间苗定苗

当绿豆出苗后幼苗两叶一心时，进行密集苗剔除；4～5 叶期定苗，去弱苗、病苗、小苗、杂苗及杂草，留壮苗。一般每亩留苗 1.2 万～1.9 万株。对一般早熟品种，瘠薄地块每亩留苗 1.8 万～1.9 万株；中熟品种，中等水肥条件地块每亩定苗 1.5 万～1.7 万株；晚熟品种，肥沃地块每亩留苗 1.2 万～1.5 万株。

二、土壤管理

绿豆从出苗到开花前，一般要进行 3 次中耕除草。中耕深度应掌握“浅-深-浅”的原则。第 1 次中耕在间苗后进行，要浅铲地表；定苗后，进行第 2 次中耕铲地，这次铲地可深些；分枝形成期进行第 3 次中耕，并进行封根培土，要防止培土过深埋压分枝，中耕一直进行到植株封垄为止。中耕培土既可疏松土壤、消灭杂草，又有保墒散温、提高地温、促进根瘤菌活动、促根壮苗、防止后期倒伏、增加绿豆产量的作用。绿豆壮苗的形态是根系发达，次生根粗壮密集（在30条以上），而且根瘤较多（单株根瘤在45个以上），茎粗25毫米左右，节间短；叶片深绿，生育中期（分枝盛期）叶面积指数在2以下。如与其他作物间作、混作时，则可随主栽作物进行中耕培土。

三、水分管理

俗话说“旱绿豆、涝小豆”。绿豆虽耐旱，但在土壤水分有限的情况下，受缺水影响会造成减产，50%田间持水量及疏松通气的土壤最适合于根瘤的生长。幼苗期抗旱性强，需水较少，一般不旱不灌水，否则苗期水分过多，会使根部病害加重，引起烂根死苗；3叶期以后需水量逐渐增加，现蕾期为绿豆需水临界期，视土壤墒情适当灌水1次；花荚期为需水高峰期，墒情差时应及时灌水；如遇干旱天气，有灌溉条件的地方可在开花前灌水1次，以提高单株荚数及荚粒数，结荚期再灌水1次，以增加粒重并延长开花时间。绿豆不耐涝，苗期遇涝灾，根系活力降低，生长受阻，幼苗黄瘦，严重时可导致死亡。开花结荚阶段遇涝灾，根系的正常呼吸及根瘤菌的固氮能力受阻，花荚大量脱落，地面积水2～3天会造成植株死亡。因此，雨水多时应及时排水防涝，采用垄上种植并在开花前培土是绿豆获得高产的重要措施。

四、施肥管理

绿豆施肥管理的基本原则是以有机肥为主，无机肥为辅，施足基肥，适当追肥。

1. 多施基肥

绿豆根瘤菌有一定的固氮能力，增施农家肥和磷、钾肥，增产效果明显。绿豆的生育期短、耐瘠性强，可不施或少施氮肥。一般每亩施种肥磷酸二铵或三元复合肥10千克；或结合整地每亩施商品有机肥200～300千克。

2. 适时追肥

在肥沃地块，苗期以控为主，不宜追肥。在绿豆的生育中后期，适时叶面补充多元微肥，延长叶片功能期，能明显增产。从绿豆刚开花结荚时每隔7～10天喷1次，共喷2～3次。在实际生产中较好的叶面微肥如芬绿、海精灵等。结合防病虫进行，可加入一些保护性杀菌剂，如多菌灵、安泰生、代森锌、代森锰锌等。如果底肥不足，可叶面进行补充，每75千克水中加入0.4千克磷酸二氢钾、12毫升植物生长调节剂、0.2千克尿素。

3. 巧用根瘤菌

绿豆根瘤菌能供给的氮是其所需总氮量的50%～70%。若播种前没施基肥，在生长前期（分枝、始花期）宜追施一定量的氮、磷肥，以增强根瘤菌固氮能力和促进花芽分化；增施有机肥，可接种根瘤菌，提高化肥的利用率，促进绿豆增产。

五、适时采收

绿豆的生育期约60～110天，多数品种成熟期不一致。地方品种的成熟荚在日晒下易爆裂落粒（俗称炸荚），应根据成熟情况随熟随采、分次采收。大面积的绿豆生产，应选用成熟期较一致、成熟时不裂荚不落粒的品种，应在90%以上的豆荚成熟时，趁早晨潮湿、露水下去之前或傍晚时收获，对于大面积种植绿豆的地块，可采用机械一次性收获。收割、脱粒分步进行，收割后晾晒3～5天，促使植株上的青荚成熟，并注意防止雨水浸湿，以免豆粒发芽造成损失。豆荚晒干后进行脱粒。种粒含水量低于14%时，包装后入仓贮藏。入库前，将籽粒置于－20℃的环境条件下冷冻12小时，以冻杀藏匿在种子里的绿豆象等种子害虫，或直接用药剂处理种子以杀死害虫。避免雨淋，防止产生捂堆伤热、霉烂变质现象。在良好的贮藏条件下，种子贮藏寿命可达6年以上。

任务六　识别与防治病虫害

一、识别与防治绿豆炭疽病

病原菌为菜豆炭疽菌（*Colletotrichum lindemuthianum*）。病原菌在绿豆整个生育期均可侵染，为害植株地上的所有部分。叶片染病初期有条形斑，先为红褐色，后变为黑褐色，有不规则形状网斑。绿豆荚感染炭疽病病菌之后，病斑呈现褐色，椭圆形，病斑稍凹陷，病斑四周有紫红色，或红褐色晕圈，空气潮湿，病斑处有黏稠粉红色溢出物，内含大量分生孢子（图4-2）。种子染病出现黄褐色、大小不等的凹陷斑。

病原菌在种子和病残体上越冬。播种带菌种子，幼苗染病，在子叶或幼茎上产生分生孢子，或在病残体内越冬，菌丝体在适宜条件下产生分生孢子，通

图 4-2　绿豆炭疽病

过雨水飞溅或昆虫传播进行初侵染。分生孢子萌发后产生芽管，从伤口或表皮直接侵入，经 4～7 天潜育出现症状，并进行再侵染。冷凉（17℃）、潮湿（100%相对湿度）的气候条件有利于病害的发生；温度高于 27℃，相对湿度低于 92%，则少发生。该病在多雨、多露、多雾的潮湿冷凉地区，或种植过密、土壤黏重的湿地发病重。

防治方法：

（1）农业防治。增施有机肥。由于绿豆具有豆科植物的根瘤菌，耐瘠薄性好，在普通的土地上面种植绿豆，不用进行施肥，仍然能获得较好的产量。有人认为，绿豆施肥等于浪费了肥料，这种认识是片面的。绿豆虽然有可以固氮的根瘤菌，却没有固定磷肥、钾肥的能力，土壤中的肥料失去平衡，绿豆的抗逆性、抗病害能力会减弱，因此适当地使用有机肥、磷肥、钾肥，可以提高绿豆的综合抗病能力，减少病害的发生。

（2）药剂防治。防治炭疽病，要以预防为主，在绿豆开花期前后，采用 600 倍液 70%甲基硫菌灵可湿性粉剂＋天达 2116，进行叶面均匀喷洒，可提高绿豆的防病害能力，绿豆在炭疽病发病初期，可用 64%杀毒矾可湿性粉剂 600 倍液＋600 倍液咪鲜胺，每 7 天喷洒 1 次，连续喷洒 2～3 次。

二、识别与防治绿豆轮纹叶斑病

病原菌为茎点霉菌（*Phoma exigua*）。主要为害叶片，也可为害茎、荚和豆粒。出苗后即可染病，但后期发病多。叶部症状初为圆形或椭圆形病斑，略凹陷，深褐色；病斑逐渐扩展，形成中央灰褐色、边缘红褐色病斑，有时具有同心轮纹，后期病斑上产生许多黑色颗粒状分生孢子器（图 4-3）。随着病情发展，一些病斑逐渐相连而成为大型不规则的黑色斑块；干燥时，发病部位破裂、穿孔或枯死，发病严重的叶片早期脱落。

茎点霉菌以菌丝体和分生孢子器在病残体或种子中越冬，条件适宜时，病残体中分生孢子器产生的分生孢子借风雨传播，进行初侵染和再侵染。在生长季节，如天气冷凉潮湿，或过度密植，植株间湿度大，易有病害发生。此外，偏施氮肥植株长势过旺或肥料不足植株长势衰弱，导致绿豆植株抗病力下降，发病重。

图 4-3 绿豆轮纹叶斑病

防治方法：

（1）农业防治。绿豆收获后清除病残体，深埋或烧毁；重病地与禾本科作物实行轮作；适时播种，高垄栽培，合理密植，合理施肥。

（2）药剂防治。发病初期喷施 50%多菌灵可湿性粉剂 1 000～1 200 倍液，70%甲基硫菌灵可湿性粉剂 1 000 倍液、75%百菌清可湿性粉剂 500～800 倍液，隔 7～10 天喷施 1 次，连续防治 2～3 次。

三、识别与防治绿豆白粉病

病原菌为蓼白粉菌（*Erysiphe polygoni*）。为害叶片、茎和荚。发病初期为点状褪绿，逐渐在病部表面产生一层白色粉状物，开始点片发生，后扩展到全叶（图 4-4），后期密生很多黑色小点，即病原菌的闭囊壳。发生严重时，叶片变黄，提早脱落。

病原菌以闭囊壳在土表病残体上越冬，翌年条件适宜时散出子囊孢子进行初侵染。植株发病后，病部产生的分生孢子通过风、雨和昆虫产生再侵染，经多次重复侵染，使病害不断扩大。病害可以在较宽泛的环境条件范围发生，但中等温度（21℃）和相对较低的湿度（65%）有利于侵染和病害发展。

防治方法：

（1）农业防治。种植抗病品种；收获后及时清除田间病残体，翻耕深埋或集中烧毁，减少翌年初侵染源；加强管理，合理密植，增施磷钾肥，以提高植株抗性；与非豆科作物轮作 2～3 年。

（2）药剂防治。病害发生初期可喷施 40%氟硅唑（福星）乳油 5 000～8 000 倍液、10%世高水分散粒剂 1 500～2 500 倍、25%粉锈宁可湿性粉剂

图 4-4　绿豆白粉病

2 000 倍液、25%敌力脱乳油 4 000 倍液、70%十三吗啉乳油 3 000 倍液、70%甲基托布津可湿性粉剂 1 000 倍液、50%多菌灵可湿性粉剂 500 倍液等。重病田隔 7～10 天再喷 1 次。

四、识别与防治绿豆镰孢菌根腐病

病原菌为尖孢镰孢菌（*Fusarium oxysporum*），病菌首先侵染小根和须根，然后向主根蔓延（图 4-5）。侵染由根部分别向根冠和茎基部扩展，病部腐烂，后期侧根和主根大部分干缩；叶片叶脉间褪绿变黄，叶尖和叶缘焦枯，叶片由下而上逐渐枯萎但不脱落；根和茎部皮层组织及维管束变褐。

病菌以菌丝体及厚垣孢子在病残体和土壤中越冬，可在土壤中腐生多年，土壤带菌是病害发生的主要原因。在田间，病菌通过雨水或灌溉、农具及人畜活动等传播。地下水位高、土壤湿度大的地块病害发生严重。

图 4-5　绿豆根腐病

防治方法：

（1）农业防治。与非豆科作物轮作 3～5 年；收获后耕地深埋病残体；播种前防治地下害虫和线虫；不要用未腐熟的厩肥，增施磷肥、钾肥和石灰；不要漫灌，雨后及时排水。

（2）药剂防治。2.5%适乐时悬浮种衣剂或 35%多克福种衣剂处理种子；

发病初期喷淋50%氯溴异氰尿酸可溶性粉剂1 000倍液或50%根腐灵可湿性粉剂800倍液、4%嘧啶核苷类抗菌素（农抗120）水剂200倍液、53.8%可杀得2 000干悬浮剂1 000倍液、14%络氨铜水剂300倍液、50%多菌灵可湿性粉剂600倍液，隔10天左右防治1次，连续防治2～3次。

五、识别与防治绿豆立枯病

病原菌为立枯丝核菌（*Rhizoctonia solani*）。幼苗的根基部是主要侵染部位，被侵染后产生红褐色长的溃疡性病斑（图4-6），逐渐扩展至整个茎基部，病部缢缩或开裂，使幼苗生长受阻、倒折或逐渐枯萎死亡。湿度大时，病部长出蛛丝状褐色霉状物，即病原菌菌丝。

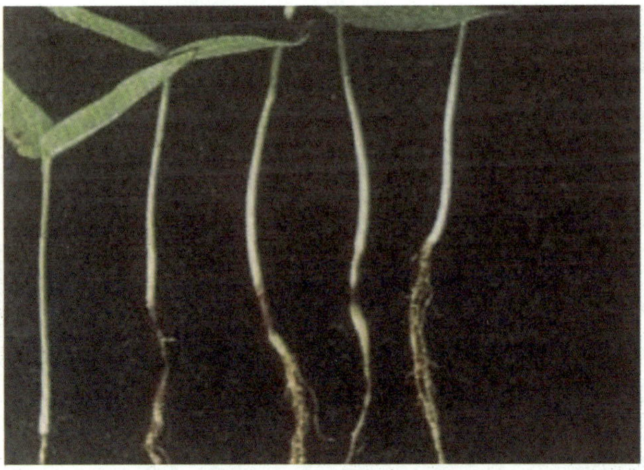

图4-6　绿豆立枯病

病原菌以菌丝体或菌核在土壤中或病残体上越冬，在土壤中可腐生2～3年。病菌通过风、水、农具、人和动物活动在田间传播和再侵染。土壤温度对病害的影响明显，病害发生的最适土壤温度为18℃，正常的土壤湿度范围适合病害发生发展，但提高土壤湿度常常导致病害更严重发生，因此，苗期遇长期低温阴雨天气易发病。多年连作田块、地势低洼、地下水位高、排水不良发病重。

防治方法：

（1）农业防治。提前整地可以减少发病率，浅播减少出苗损伤；与禾谷类作物轮作2～3年；适当施入石灰以调节土壤酸度至微酸性或中性；进行中耕，促进新根生长，严重发病的地块，收获后进行深耕；低洼地实行高畦栽培，雨后及时排水；选用抗、耐病品种，选择在田间表现发病率低的品种种植。

（2）药剂防治。以种子重量0.3%的40%拌种双或50%福美双拌种可以防止种子腐烂和幼苗猝倒。在发病初期喷施 20%甲基立枯磷乳油 1 200 倍液、70%甲基托布津可湿性粉剂 500 倍液、5%井冈霉素水剂 1 500 倍液、15%恶霉灵水剂 450 倍液。连续防治 2～3 次。

六、识别与防治绿豆病毒病

引起绿豆病毒病的病毒种类主要有苜蓿花叶病毒（*Alfalfa mosaic virus*，AMV)、菜豆普通花叶病毒（*Bcan common mosaic virus*，BCMV)、黑眼立豆花叶病毒（*Blackeye cowpeamosaic virus*，BICMV）等 10 余种。绿豆出苗后到成株期均可受病毒的侵染。由于病毒种类不同，症状类型多样，主要包括叶片黄化、褪绿、花叶、斑驳、皱缩、卷曲、明脉等（图 4-7)，或矮缩、不育。

图 4-7　绿豆病毒病

一些侵染绿豆的病毒病已证明在绿豆上种传，如菜豆普通花叶病毒、黄瓜花叶病毒、绿豆花叶病毒等。病毒一般有多种寄主，可以在杂草或转主寄主上越冬。蚜虫、飞虱、粉虱、蓟马、叶蝉或叶甲等为传毒媒介，在田间进行病害传播。

防治方法：

(1) 农业防治。选用抗病品种；清除田间杂草，保持田间卫生。

(2) 药剂防治。发病初期开始喷洒抗毒丰（0.5%菇类蛋白多糖水剂）250～300 倍液或 20%病毒 A 可湿性粉剂 500 倍液，或 15%病毒必克可湿性粉剂 500～700 倍液等。

七、识别与防治绿豆蚜虫

危害绿豆的蚜虫主要有豆蚜、豌豆蚜、棉长管蚜等，其中以豆蚜危害最重。豆蚜又名花生蚜、苜蓿蚜，蚜虫危害绿豆时，成、若蚜群聚在绿豆的嫩茎、幼芽、顶端心叶，在嫩叶背面、花器及嫩荚处吸取汁液（图 4-8）。绿豆受害后，叶片卷缩，植株矮小，影响开花结实。一般可减产 20%～30%，重者达 50%～60%。

图 4-8 绿豆蚜虫

雌蚜虫产卵，在杂草上以卵越冬。翌年气温高于 25℃，相对湿度达 60%～80%时病害发生严重。

防治方法：

(1) 撒毒土。用质量分数 2.5%敌百虫粉或质量分数 1.5%乐果粉 0.5 千克，兑细沙 10～20 千克调制成毒土，每亩撒 50 千克。在早上或傍晚时可用将药撒入绿豆植株基部。

(2) 喷药。用 1.5%乐果粉、或 2.5%敌百虫粉等，于早上或傍晚，每亩喷洒 2 千克。也可用 40%乐果乳剂 100～500 倍液，或 50%马拉硫磷 100 倍液等进行喷洒。

八、识别与防治绿豆红蜘蛛

红蜘蛛，学名朱砂叶螨，蛛形纲，属真螨目，叶螨科。红蜘蛛在中国分布较广，是一种较常见的害虫。红蜘蛛主要吸食叶片背面汁液（图 4-9）。有向上爬的习性。先为害下部叶片，而后向上蔓延。受害后的叶片呈现黄白色斑点，病害严重时叶片变黄干枯脱落，缩短结果期，影响产量。

图 4-9　绿豆红蜘蛛

红蜘蛛每年发生 10～20 代，雌虫在田间土块下或杂草根部越冬，来年 3 月开始活动并取食繁殖。红蜘蛛生存最适宜温度为 29～31℃、相对湿度 35%～55%。一般在 7 月，种群达到高峰期；8 月中下旬以后，种群密度维持在一个较低的水平上，不再造成危害。

防治方法：

主要采用药物防治，可用 20%螨克 1 000 倍液、25%灭螨猛可湿性粉剂 1 000～1 500倍液或 50%马拉硫磷乳液 1 000 倍液，连续喷洒 2～3 天。

九、识别与防治豆荚螟

豆荚螟又名豆荚斑螟，鳞翅目，螟蛾科。豆荚螟是南方豆类的主要害虫。成虫体长 10～12 毫米，翅展 20～24 毫米，体灰褐色或暗黄褐色。幼虫时在豆荚内蛀食豆粒，被害籽粒变褐以致霉烂（图 4-10）。成虫昼伏夜出，傍晚活动，趋光性弱。幼虫蛀入荚内取食嫩籽粒，造成瘪荚。也可为害叶柄、花蕾和嫩茎，受害的植株落花、落蕾和枯梢。

豆荚螟每年发生 3～4 代，成虫在嫩荚、花蕾、叶柄上产卵。初卵幼虫蛀食嫩荚，3 龄后蛀入荚内食豆粒，老熟的幼虫咬破荚壳，入土作茧化蛹。豆荚螟喜干燥，在高温干旱的情况下发生严重。在适温条件下，雨量多、湿度大则虫群数量少，雨量少、湿度低则虫群数量大。

防治方法：

（1）农业防治。有条件实行水旱轮作；加强田间管理，及时清除田间落花、落荚，摘除被害的卷叶和病荚；在幼虫越冬期进行深耕灌溉。

（2）药剂防治。喷施 50%敌敌畏乳油 800 倍液、25%菊乐合剂 3 000 倍液、50%杀螟松乳油 1 000 倍液或 2.5%溴氰菊酯 4 000 倍液。也可在老熟幼虫

图 4-10　绿豆豆荚螟

入土前施用白僵菌粉剂来毒杀幼虫，用量为 22.5 千克/公顷。

(3) 物理防治。利用成虫的趋光性，在田间设黑光灯，诱杀成虫。

十、识别与防治绿豆象

绿豆象为鞘翅目，豆象科，体长 2～3.5 毫米，宽 1.3～2 毫米，卵圆形，深褐色，世界各国均有发生。绿豆象是绿豆生产和贮藏期间的重要害虫，以仓库内为害为主（图 4-11）。绿豆象以幼虫潜伏在豆粒内部蛀食种子为害，或在仓库的绿豆中反复产卵繁殖，被害豆粒虫蛀率可达 30%～60%，造成千粒重、营养价值和发芽率严重降低或完全丧失。

绿豆象从北方至南方每年发生 4～12 代，成虫与幼虫均可越冬。雌虫可在仓库豆粒上或田间豆荚上产卵，每只雌虫可产 70～80 粒。雌虫一般选择表面光滑的豆粒面上产卵，产卵后数日内死亡。幼虫孵化后即蛀入豆荚、豆粒。绿豆象善飞翔，并有假死习性。

图 4-11　绿豆象

防治方法：

(1) 化学防治。包括田间防治和仓内防治，以仓储期防治为主。仓储期防治主要用熏蒸方法，可用的熏蒸剂有硫酰氟、磷化铝、二硫化碳和环氧乙烷等。比如可用硫酰氟，按 10 克/立方米以上的有效浓度处理 7 天，可对绿豆象的成虫、卵以及幼虫有明显的防治效果。并且可以有效抑制其他一些仓储害虫及其子代的发展。

（2）物理防治。低温杀虫、辐射杀虫、气调杀虫等。

十一、识别与防治小地老虎

小地老虎幼龄虫常群集在幼苗的心叶或叶背上取食，常把叶片吃成网孔状，3 龄以后的幼虫则将幼苗从近地面嫩茎处咬断，造成缺苗断垄。

防治方法：

（1）农业防治。耕翻土地，清除杂草，诱杀成虫和幼虫。

（2）药剂防治。①喷药，在幼虫 3 龄前用质量分数 90%敌百虫 1 000 倍液，或 2.5%溴氰菊酯 300 倍液，或 20%的蔬果磷 3 000 倍液喷洒。②毒饵，用质量分数 90%敌百虫晶体 150 克，加适量水配成药液，再拌入炒麦麸 5 千克制成毒饵，傍晚撒入田间幼茎处，每亩撒毒饵 2～3 克。③灌根，用 90%敌百虫晶体 1 000 倍液，或 50%辛硫磷乳剂 1 500 倍液，进行浇灌，每株不超过 250 毫升药液。

●课外小知识

绿豆美食

绿豆沙牛乳： 绿豆 70 克，大米 20 克，冰糖适量，牛奶 200 克，清水适量。将所有材料（除牛奶外）洗净放入破壁机，加清水至 800 毫升，开启米糊模式。完成后加入牛奶（这一步加牛奶是为了防止高温破坏牛奶的蛋白质和其他营养）。这样一杯香醇浓郁的绿豆沙牛乳就完成啦。

绿豆冰糕： 去皮绿豆 250 克，黄油 50 克，牛奶 100 克，白砂糖 30 克，麦芽糖 30 克，绿豆糕模具。去皮绿豆淘洗至水清澈，加足量的清水放冰箱浸泡 6 小时以上（中途多换几次水）。淘洗干净沥干水分，水开中火蒸 45 分钟，蒸到一捏就碎的状态即可。把蒸好的绿豆加牛奶放入破壁机打成泥状。不粘锅放打好的绿豆泥，炒至水分稍干，加入黄油、白砂糖、麦芽糖继续翻炒，炒至成团不粘锅不粘勺即可。分别捏成 35 克的小团子，用模具压成形状，密封包装，冰箱冷藏 1 小时即可。

绿豆薏仁汤： 薏仁和绿豆各 80 克，蜂蜜 10 毫升。分别把绿豆、薏仁洗净，放入锅中，加入适量清水，炖至熟烂后，稍焖几分钟。食用时，加入蜂蜜调味。

实践活动

请同学们调查当地绿豆生产中存在的问题。

思考题

1. 简述种植绿豆对土地的要求及如何进行整地施肥。
2. 绿豆苗期应该怎样进行查苗补苗、间苗定苗？
3. 绿豆生长期水肥该如何管理？
4. 防治绿豆炭疽病的方法有哪些？
5. 简述豆荚螟对绿豆的为害症状以及有哪些防治措施。

项目五　小豆生产

学习目标

知识目标

・了解小豆的分布和产量，小豆的生长发育特性和营养价值，熟悉生产上常见的小豆品种，掌握小豆生产的实用技术要点。

能力目标

・能根据我国各地区的气候条件选择合适的小豆品种；能做好播前准备工作，适时播种；掌握小豆田间管理技术，合理运用"三肥两水"，控制植株徒长，适时采收提高经济效益；能正确识别小豆常见的病虫害症状并采用合理的防治技术等。

小豆 [*Vigna angularis* (Wild) Ohwi & Ohashi.]，又名红小豆、赤豆、五色豆、米豆等。为一年生草本植物，是菜豆族（Phaseoleae）豇豆属（*Vigna*）中的一个栽培种（*Vigna angularis*）。小豆起源于中国，是中国、日本、朝鲜半岛等亚洲国家人民所喜爱的食品。

全世界小豆生产以亚洲面积最大，非洲、欧洲及美洲也有生产。全世界共有 24 个国家种植小豆，除中国生产面积最大外，日本、朝鲜、韩国、泰国、印度、缅甸、美国、加拿大、巴西、哥伦比亚、新西兰、俄罗斯的远东地区、扎伊尔和安哥拉等国家和地区也有一定种植面积。我国小豆主要分布在华北、东北和黄河及长江中下游地区，以河南、河北、北京、天津、山东、山西、陕西及东北三省种植面积较大，其面积和产量占全国的 70%左右；其次是安徽、湖北、江苏和台湾等地约占 15%；其余地区种植面积较小，约占 15%。

中国是世界上最主要的小豆生产国和出口国，天津红小豆、启东大红袍、宝清红小豆等优良地方品种在国际市场上久享盛誉，常年出口量达 5 万～6 万吨。小豆被称为中国传统的特色出口农产品与其独具特质的品种优势密不可分。

任务一　认识小豆

小豆植株由根、茎、叶、花、荚果和种子等各部器官组成。小豆栽培品种一般株高 30～180 厘米，分直立、蔓生和半蔓生 3 种类型。早熟品种的茎多为直立型，主茎高 30～60 厘米，分枝较多；晚熟品种多为蔓生型，主茎高达 100 厘米以上，分枝较少；介于早熟与晚熟品种之间的多为中熟种，半蔓生。小豆的根由主根、侧根、须根、根毛和根瘤组成，呈圆锥状根系。小豆根系能与根瘤菌共生，能固定氮素。茎呈圆筒形，多数品种的茎为绿色，少数为紫色茎。小豆子叶不出土，子叶以上的节上长出两片对生的单叶，以后随着茎的生长，每个节上长出一片三出复叶。花着生在叶腋间及茎的顶部，成短总状花序，为黄色（图 5-1）。多于上午 7：00—8：00 开花，各地因气候不同，开花时间略有差异。一般播种后 45 天左右开花，一株开花时间约 30 天，每株开花 50～80 朵，结荚约 20 个；往往顶部还在开花，而基部的荚已经成熟。荚的形状有圆筒形、镰刀形和弓形，每个荚梗上结荚 1～5 个。未成熟的荚呈绿色，成熟后的荚有黄色、浅褐色、褐色、黑色 4 种颜色（图 5-2），每荚有种子 4～11 粒。小豆种皮颜色有红、白、黄、绿、褐、黑、花纹褐花斑（双色）等色。以红色小豆最

图 5-1　小豆的花

好，尤其是有光泽、鲜红色、短圆柱形的小豆在国内外市场最受消费者欢迎。小豆收获后经充分晒干的种子，在5～28℃室温条件下发芽力可保持3～4年；在－5～5℃条件下，种子发芽力可保持15年左右。

图 5-2 小豆的荚

小豆性喜温，对温度适应范围较广，从南方亚热带到北方的温带都有栽培。全生育期需要10℃以上有效积温2 000～2 500℃，一般在8～12℃即可发芽出苗。小豆有两个时期最怕低温和霜害，一是苗期不抗晚霜冻，二是成熟期的低温早霜，遇霜容易造成秕荚小粒，降低产量和品质。小豆是短日性作物，对光照反应敏感，过早播种延长生长期，成熟期并不提早。所以由高纬度向低纬度引种时会提早成熟，而由低纬度向高纬度引种时会延长成熟期。不同生育阶段对光照反应不同，一般苗期影响最大，开花期次之，结荚期影响最小。

小豆生育期长短因品种而异。生育期短的只有60～90天，生育期长的在80～120天。小豆在开花前后需水量多，开花结荚期遇高温、干旱，易造成落花、落荚，过于湿润植株容易倒伏。在鼓粒成熟期，天气晴朗利于光合作用，利于提高粒重。小豆在疏松的腐殖质多的土壤中生长最好。沙土地种植的小豆豆粒红且有光泽。壤土地种植的红豆发乌、呈暗红色。小豆对土壤适应性较强，在微酸、微碱性土壤中均能生长。

小豆除单种外，与高秆作物间作、套种或混种栽培是我国传统的种植方式，增产效果十分显著。在我国北方地区，小豆主要是与玉米、高粱、谷子等作物间作、套种或混种；在南方主要是与水稻、甘蔗、甘薯、果树、蔬菜等作物间作或套种。

小豆营养丰富，养分齐全。根据中国农科院作物品种资源研究所测定的结果（表 5-1），发现小豆比禾谷类和薯类作物营养价值高得多。

表 5-1　小豆各种营养成分含量（每 100 克中的含量）

项目	含量	项目	含量	项目	含量
蛋白质/g	22.4	铁/mg	5.6	维生素 A/mg	13.0
脂肪/g	1.2	钠/mg	2.2	维生素 B/mg	10.16
糖类/g	58.6	镁/mg	130.0	维生素 E/mg	14.36
粗纤维/g	4.9	铜/mg	0.64	硫胺素/mg	0.43
钙/mg	67.0	锰/mg	1.33	核黄素/mg	0.15
磷/mg	478.0	锌/mg	2.2	尼克酸（烟酸）/mg	2.7
钾/mg	1 230.0	硒/mg	3.8		

小豆具有很高的医用价值，有良好的医疗保健作用。据报道，小豆水煎剂对金黄色葡萄球菌、福式痢疾杆菌和伤寒沙门氏菌有抑制作用。在患有流行性腮腺炎、肺结核、肝硬化、急性肾炎、乳腺炎期间可多食一些小豆食品。小豆性平味甘酸，具有健脾利水、清热除湿和排脓、消肿、解毒的功效，可用于水肿、浮肿、黄疸、小便不利、减肥和增乳等。民间有用小豆装枕头以利睡眠的做法，是因小豆可使人头凉、脚热。

任务二　选用良种

我国地域辽阔，自然条件十分复杂，在长期的生产实践中，劳动人民保留了极为丰富多样的农家小豆品种，能适应各地的环境、栽培条件和耕作制度的要求。但地方品种一般均很混杂，产量低而不稳。随着农业生产发展的需要，以农家品种为材料的新品种选育工作已取得一定进展。近年来，全国各地推广了一批小豆新品种。例如优良的农家品种有内蒙古的‘兴安红小豆’，吉林的‘公小 12 号’，辽宁的‘辽小 5 号’、‘辽小 14 号’，黑龙江的‘大红袍’，山西的‘太原 317 号’，天津的‘武清红小豆’，河北的安次‘朱砂红小豆’，北京的‘密云红小豆’、‘房山红小豆’，山东的‘牟平红小豆’，江苏的‘泗阳红小豆’，河南的‘汲县红小豆’等。科研单位系统选育的品种有‘龙小豆 1 号’、‘白城 153 号’、‘冀红小豆 3 号’、‘冀红小豆 2 号’等。通过品种间有性杂交育成的品种有‘吉红 1 号’、‘冀红小豆 3 号’、‘冀红小豆 4 号’。从国外引入表现较好的品种有‘大纳言’、‘北海道’、‘宝小豆’、‘埃里莫’等。

在株形选择方面，建议选择有限生长硬秆直立类型。小粒型品种不易高产

（每亩少于100千克），但此类型优良品种加工前景较好，应保纯一些小、圆、鲜艳的类型。

以商品生产为目的种植的小豆，应尝试选择中粒（12～14克）和中大粒（14～16克）、饱满、色泽鲜艳、丰产性好的新品种。大粒品种，对地力和水肥要求高，水肥条件差则不易饱满。

任务三　选地整地

一、土地选择

小豆和其他豆类作物一样，很容易感染大豆包囊线虫病，不宜连作重茬。3年以上多年连作，就会出现细菌存留与感染的现象，使病虫害加重，土壤酸度增加，抑制根瘤菌的形成和固氮。多年连作，根系分泌的酸物质过多，不利于根系的发育，也使土壤中氮、磷、钾等元素比例失调，致使小豆产量降低和品质下降。因此在栽培期间，需利用轮作倒茬的方式种植，避免出现重茬的现象，合理规避病虫害问题，提升营养供给效果。通常情况下，可以选择前茬为小麦或是玉米的耕地种植小豆。

二、整地技术

小豆属于双子叶的农作物，真叶的拱土能力较低，需要利用合理的精细整地方式。

播种春小豆的地，在前作物收获后到春小豆播种前，有一段较长的休闲时间，可以进行深翻地，翻地时间因不同地区和前作物的不同，可分为秋翻、冬翻和春翻。每年封冻之前，进行秋季的翻地工作，翻耕深度控制在20厘米。在第二年春耕的过程中，需将深度控制在15厘米，并结合浅耕深松的原则进行，以免出现严重的种植问题。耕后，进行精细整地，以保持土壤水分。

夏播小豆一般在冬作或早春作物之后播种。前作物收获之后必须及时播种小豆。夏小豆适期早播可以延长生育期，是增产的重要条件。由于夏收复种时间紧迫，夏小豆的整地与播种在时间上存在矛盾。为了同时做到精细整地和早播种，应根据当时当地的具体情况，分别采取深耕、旋耕或耙地灭茬等方法进行整地，尽量避免贴茬播种。冬、春作物播前深耕过的土地，在夏播小豆前，可采取旋耕或耙地灭茬的方法整地播种。

无论春播还是夏播，整地时都应施足基肥，一般以2 000～4 000千克/亩农家肥为宜。应施在种子下面5厘米深处，如果基肥距种子太近，则影响小豆发芽，造成缺苗。严禁种子和基肥混合一次播下。

任务四 播 种

一、播种时间

小豆强调适时播种，一般小豆不耐高温，最高气温超过37℃即明显影响成荚率。小豆开花前应蹲苗，开花期怕旱，这都应成为考虑播种期的因素。不同类型小豆的适宜播种范围如下。

（1）春小豆。一年一熟制的北方春播区，地表5厘米地温稳定在14℃以上时，一般于4月25日至5月20日播种。

（2）夏小豆。在一年两熟制的地区，又可分为北方麦、豆两熟区，以6月中、下旬为宜。播种过早易造成茎叶徒长，郁蔽捂花；晚播易造成不能正常成熟，降低产量和品质。南方稻、豆两熟制地区，以6月中旬至7月上旬播种为宜。

（3）秋小豆。播种期以8月为宜。

（4）冬小豆。海南省一般晚稻收获后，于10月中、下旬播种为宜。

夏播红豆以6月中、下旬播种为宜。为提高品种纯度和发芽率，在播种前应进行种子晾晒和清洗，有条件的可进行种子药剂处理，能有效防治病虫害。红豆的种植方式主要有单作和间作套种。每亩播种量一般2～3千克，播深3～5厘米。

二、播种方式

小豆播种方法有条播和穴播两种。条播是各地普遍采用的方法，自从条播机推广以后，条播质量有了显著提高。在华北北部，一般采用冬小麦与小豆套种，按一定距离穴播，每穴4～5粒种子，出苗后每穴留苗2～3株。穴播小豆群体与条播不同，条播基本上是单株均匀分布，而穴播有稀有密，两三棵小豆苗长在一起。穴距较大，便于田间管理。但要防止一穴之内留苗过多，以免豆苗之间过于拥挤而影响生长。

合理密植是小豆增产的主要措施，一般应掌握早熟宜密、晚熟宜稀，肥地宜稀、旱薄地宜密的原则。播种量应根据不同播种时期所要求的留苗密度和选用品种籽粒大小来确定。一般春播区每亩6 000～8 000株，行距65～70厘米，与大豆播种及中耕机械配套，株距15～18厘米。夏播区每亩10 000株左右，行距45～60厘米，其中60厘米行距与播种及中耕机械可配套，株距10～12厘米。过密或过于繁茂影响开花结荚，也容易影响籽粒商品性。应根据地力和当地气候、品种特点确定适宜密度，使田间长势良好。

任务五　田间管理

一、间苗定苗

间苗的时间宜早不宜迟，一般在第一片复叶展开后开始间苗，间苗时注意拔除病苗、弱苗、杂苗和小苗，第二片复叶展开后定苗。在干旱威胁较大的地块，应适当推迟间苗、定苗时间，但最晚不宜迟于第三复叶期。如有缺苗断垄现象，则应及时补苗。

二、中耕与除草

小豆播种结束，每亩用41％草甘膦水剂300毫升，兑水25千克对地块明草进行茎叶处理。在小豆苗出齐后，及时进行铲前蹚一犁，中耕除草，及时查田补种，确保苗齐、苗全、苗壮。小豆整个生育期要二铲三蹚，先浅后深，在小豆封垄前深松培土，以利于防旱排涝、防倒伏。

三、水肥管理

小豆全生育期应掌握好“三肥”（种肥、花肥、鼓粒肥）“两水”（开花水、鼓粒水）的合理运用。种肥，每亩用硫酸铵5.0～7.5千克，过磷酸钙15千克或磷酸二铵5千克，随播种施入。缺钾地块，还应每亩增施硫酸钾5千克，种肥要尽量与种子隔离开，以防烧芽、烧苗。花期肥水，在开花结荚期，浇水施肥有明显的增花保荚作用，结合浇水于初花期每亩施尿素15千克和硫酸钾5千克。鼓粒期肥水应视具体情况合理掌握，天气干旱应及时浇水，鼓粒期以根外施肥为主，对有脱肥现象的地块，进行叶面施肥补充养分，方法是：每亩用100克尿素加磷酸二氢钾150克，兑水30～40千克，在晴天下午3：00—4：00叶面喷施。

四、控制植株徒长

对出现徒长现象的地块，小面积的可在开花前将主茎和分枝的顶端掐掉；对大面积种植的地块，每亩用0.03％多效唑配成12千克肥液，叶面喷洒，可控制旺长，减少落花落荚，提高产量。对高肥水地块，也可在花期喷施多效唑或矮壮素。

五、及时采收

小豆有自下而上荚果成熟的习性，收获可采取一次性收割和分次采摘两种方式。当小豆中下部茎秆变黄、下部叶片脱落、中部叶片变黄，80%左右豆荚变黄成熟时，即为适宜收获期，这时收获产量及品质均为最佳。小面积栽培时，可分期采摘。收获过早，粒色不佳，粒形不整齐，瘪粒增多，品质降低；收获过晚，不但荚果开裂，籽粒散落，产量降低，而且粒色加深，光泽减退，异色率增加，影响产品外观质量。收获后要及时脱粒、晾干。

任务六　识别与防治病虫害

一、识别与防治小豆叶斑病

小豆叶斑病又称尾孢菌叶斑病，在我国北京、天津、河北、山东、安徽等小豆主产区最为严重。尾孢菌病菌主要侵染叶片，开花后叶部病情严重，导致早期落叶，植株早衰。病害发生早而重，常造成严重减产。

小豆发生叶斑病，叶部病斑散生，初为水渍状，渐变为黄褐色至红褐色，形状不规则，随病害发展，病斑中部呈灰白色，边缘深褐色。条件适宜时，病斑扩展迅速，相连成片，导致叶片早落。茎与荚部病斑常为红褐色不规则状（图 5-3）。

病害初侵染源主要来自田间病株残体及带病种子。病残体上产生的病菌孢子随风雨传播，侵染下部叶片。小豆开花后，如遇多雨、高温天气，则病害迅速从下部叶片向上扩展，并在田间流行。

防治方法：

可选用抗病或耐病品种。发病初期连续喷施杀菌剂。秋收后及时清除田间植株病残体。选播无病种子。

二、识别与防治小豆白粉病

小豆白粉病（图 5-4）发生在小豆生长的各个阶段。病菌侵染叶片、茎和荚，影响植株光合作用与正常代谢，造成产量损失。

图 5-3　小豆叶斑病为害症状

图 5-4　小豆白粉病为害症状

病菌侵染叶片、茎和荚时，初期出现褪绿斑点，逐渐在侵染点生长出白色菌丝和分生孢子。菌丝在植物组织表面不规则扩展蔓延。小豆生长后期，在菌丝中可以产生黑色粒状子囊壳，病叶逐渐变黄脱落。

病害初侵染源主要来自田间植株残体上越冬的子囊壳。当温湿度适宜时，子囊孢子侵染植株下部叶片，形成发病中心。病斑上的分生孢子通过风传播，造成田间大范围发病。若此时田间植株密度大、环境潮湿、通风差、光照弱、氮肥施用多等，会迅速导致植株全身附着一层白色粉状物，使植株光合作用受到影响，植株开花不正常或不开花，造成减产。

防治方法：

主要采用抗病品种。在病害发生初期，喷施杀菌剂也可控制病害的进一步流行。

三、识别与防治小豆锈病

小豆发生锈病，在病斑上产生大量孢子，破坏植株光合作用与代谢。高感度品种的产量损失较大。

锈病主要侵害小豆叶片、茎秆甚至豆荚。在叶片上，初期产生褪绿斑点，渐变为红褐色，疱状斑（夏孢子堆）逐渐扩展，常突破表皮，散出大量锈褐色的粉状夏孢子。孢子堆周围有时有褪绿晕圈。在后期，夏孢子堆变成深褐色的冬孢子堆。发病严重时叶片极易早衰脱落，籽粒干瘪，造成减产甚至绝收。

病菌以冬孢子方式在病组织中越冬。幼苗期形成初侵染，条件适宜时很快产生夏孢子，形成田间发病中心。夏孢子随风在田间传播而使病害流行。夏季多雨，土壤湿度大时病害发生严重。

防治方法：

选用抗病品种能够有效控制病害流行。病害发生初期可以喷施杀菌剂。采用与禾本科作物轮作以及增施磷肥和钾肥的措施能够减轻病害的发生。

四、识别与防治小豆镰孢菌根腐病

小豆镰孢菌根腐病可以发生在小豆生长的整个生育期。当小豆连作时病害发生十分严重。幼株较成株感病性更强。

病害侵染可以发生在苗期并引起幼苗死亡。成株期，病害在根部引起红褐色病斑，逐渐沿根系扩展，导致根表皮组织腐烂。由于根部的受害，叶片呈现黄化的症状。

病原菌在土壤和植株病残体中存活，也可以在种子中越冬并随种子传播。

病害在田间从发病中心向四周传播的速度较慢。

防治方法：

将杀菌剂以种衣剂的方式进行种子处理可以防治苗期镰孢菌根腐病。种植抗病品种和轮作也可以减轻病害的发生程度。

五、识别与防治豆蚜

豆蚜广泛分布于热带、亚热带和温带地区，植株受害后影响开花、结荚，一般减产20%～30%。豆蚜还是许多病毒的传播介体。

豆蚜7天完成一个世代，每年繁殖20～30代，以无翅雌蚜或卵在植株上越冬。成虫多聚集在嫩梢、嫩芽、花序及嫩荚等处吸食汁液。受害植株生长矮小，顶梢节间缩短，叶片卷缩，甚至造成落叶或幼苗死亡。豆蚜传播多种引起减产的病毒。

防治方法：

播种时沟施颗粒杀虫剂，生长期叶面喷药可控制蚜虫群体。利用和保护天敌（食蚜瓢虫、草蛉等）。选用抗虫品种。

六、识别与防治朱砂叶螨

朱砂叶螨俗称红蜘蛛，分布广泛，是小豆生产中的主要害虫，繁殖力强，传播快，危害大，可导致严重的产量损失。

朱砂叶螨一年可发生多代，以成螨或卵在植株上越冬。成螨在叶片背面吸食汁液，一般先从下部叶片发生，迅速向上部叶片蔓延。受害叶片表面出现大量黄白色斑点或全叶呈现红色，田间呈火烧状。危害严重时叶片干枯脱落，植株死亡。

防治方法：

清除田间杂草，减少虫源。利用和保护天敌。田间严重发生时应及时喷施农药，能够有效防治朱砂叶螨扩散。

七、识别与防治豆荚螟

豆荚螟是世界性分布的害虫之一，发生严重时，小豆豆荚大量被蛀食，造成较大的产量损失，是豆科作物重要的蛀荚害虫。幼虫为紫红色，以幼虫危害叶、花及豆荚，还能吐丝卷叶，在内蚕食叶肉，造成落花、落荚。同时以幼虫蛀食荚果种子，早期蛀食，易造成落荚，后期蛀食豆粒，并在荚内及蛀孔外堆积粪粒。受害的豆荚豆粒味苦，不能食用，严重影响品质和产量。

豆荚螟以末龄幼虫在土壤中化蛹越冬。成虫产卵于荚上，幼虫孵化后在荚表面结一小薄丝囊，然后钻入荚内蛀食幼嫩豆荚，导致初荚期豆荚干瘪。鼓粒期豆粒常被蛀成缺刻或食尽，被害荚内充满虫粪。

防治方法：

选用抗虫品种能够有效减轻豆荚螟的危害。适当调整播期，使结荚期避开产卵盛期。利用成虫的趋光性进行灯光诱杀。在开花期和结荚初期，采用药剂防治也有良好的防治效果。如用50%杀螟松乳剂1 000倍液或5%锐劲特胶悬剂2 500倍液喷雾防治，或40%灭虫清乳油，每亩用30毫升，兑水50～60千克喷雾防治。每7天喷1次，根据虫情加喷1～2次，对孵化期的幼虫有很好的防治效果。

八、识别与防治豆象

豆象是世界性分布的害虫，主要危害老熟豆粒。小豆籽粒被取食后，商品价值下降，经济损失严重。

在田间，豆象虫卵散产在老熟而开裂的豆荚内的豆上，或即将成熟的豆荚外部。在仓内产卵于小豆种子表面，幼虫钻入种子，在种内取食直至化蛹。成虫孵化后从种子中钻出，然后再在种子上产卵。

防治方法：

利用熏蒸性杀虫剂在仓库或密闭的储藏容器内熏蒸小豆种子，能够有效杀灭幼虫、成虫和卵；利用阳光暴晒也有一定的杀虫效果。选用抗虫品种是最为有效的防治措施。

●课外小知识

小豆美食

小豆双皮奶：纯牛奶500毫升、蛋清3个、白糖150克、柠檬汁几滴、小豆200克。清洗干净的小豆，用清水浸泡8小时。将充分浸泡好的小豆煮熟，捞出沥干，趁热加入白砂糖100克搅拌，待糖完全融化后加入适量蜂蜜，可以使小豆更加晶莹剔透，然后放置一旁待用。把牛奶倒入小奶锅，加入白糖，煮至冒泡，倒入小碗中放凉。放凉后的牛奶，用筷子压住表面的奶皮，把牛奶倒入另一个大碗中，打入鸡蛋清，滴入柠檬汁，搅拌均匀后过筛两遍。过筛后的奶液倒回有蛋皮的碗中，盖上保鲜膜，用牙签扎几个洞，上锅蒸20分钟。蒸好的双皮奶铺上刚才做好的小豆即为完成。

奶香小豆卷：先将75克小豆浸泡一夜煮熟，加40克白糖拌匀。300克面粉，加3克酵母和120克牛奶，揉成光滑面团，盖保鲜膜醒发两倍大。取出揉面排气，分成小剂子，擀成皮，放入做好的小豆包起来。再擀成牛舌状卷起来，放入锅中水开计时蒸15分钟，焖5分钟出锅就好了。

小豆糯米糕：将150克小豆提前浸泡一晚上，泡好的小豆加水煮熟，捞出沥干水分，装入玻璃碗中，加40克白糖和200克糯米粉。少量多次加水，搅拌至黏稠。模具刷上油，倒入面糊，水开上锅蒸30分钟即可，晾凉倒扣模具，再切块，撒点白糖即可。

实践活动

请同学们调查当地小豆生产中存在的问题。

思考题

1. 简述小豆生长发育对生态条件的要求。
2. 比较分析小豆叶斑病、白粉病、锈病、镰孢菌根腐病的发病症状特点。
3. 查阅相关文献，探寻小豆的起源与分类。

项目六　豇豆生产

学习目标

知识目标

• 了解豇豆的分布和产量，豇豆的生长发育特性，熟悉生产上常见的豇豆品种，掌握豇豆生产的实用技术要点。

能力目标

• 能根据我国各地区的气候条件选择合适的豇豆品种；能做好播前准备工作，适时播种；掌握豇豆田间管理技术，及时搭架引蔓、整枝打杈，以利于提早收获上市，增加经济效益；能正确识别豇豆常见的病虫害症状并采用合理的防治技术等。

豇豆 [*Vigna unguiculata*（Linn.）Walp.]，俗称长豆角、姜豆、带豆等。是豆科豇豆属一年生缠绕、草质藤本或近直立草本植物。豇豆性味甘平，健胃补肾，含有易于消化吸收的蛋白质，还含有多种维生素（维生素 A、维生素 B_1、维生素 B_2、维生素 C）和微量元素等，一般人群均可食用，其所含磷脂可促进胰岛素分泌，是糖尿病人的理想食品。豇豆适应性强、栽培范围广，是我国春夏秋季节主要的上市蔬菜种类之一。

豇豆起源于热带非洲，我国是豇豆次生起源中心，栽培历史悠久，品种资源丰富，拥有种质资源近千份。随着育种工作的不断开展，我国又培育出了许多综合性状更加优良的新品种，在全国广泛推广。目前，豇豆育种目标仍然以高产、优质和抗病为主。随着反季节和设施栽培技术的发展，以及加工的深入，培育适应设施栽培和适合深加工的长豇豆也逐渐成为一个重要目标。目前全国推广面积较大的品种主要有：深绿荚豇豆‘浙绿1号’、‘浙绿2号’等；矮生豇豆品种‘之豇矮蔓1号’、‘浙翠无架’、‘美国无架’等。

我国豇豆种植分布面积广，除青海和西藏外，全国各地均有种植。近年来，我国豇豆种植面积维持在33万公顷以上。河北、河南、江苏、浙江、安徽、四川、重庆、湖北、湖南、广西等地每年栽培面积超过1万公顷，并形成了浙江丽水、江西丰城、湖北双柳等面积超过1 000公顷的大型专业化豇豆生产基地。每公顷产量以北京、天津、河北、山西、内蒙古等华北地区最高，正常年份在30吨以上；其次为东北地区，接近30吨；上海、江苏、浙江、安徽、福建、江西、山东、河南等地也在20吨以上。

任务一　认识豇豆

豇豆（图6-1）属豆科一年生植物。茎有矮性、半蔓性和蔓性3种。南方栽培以蔓性为主，矮性次之。豇豆属蝶形花科一年生缠绕草本植物，小叶3，顶生小叶菱状卵形，长5～13厘米，宽4～7厘米，顶端急尖，基部近圆形或宽楔形，两面无毛，侧生小叶斜卵形；托叶卵形，长约1厘米，着生处下延成一短距。萼钟状，无毛；花冠淡紫色，长约2厘米，花柱上部里面有淡黄色茸毛。荚果线形，下垂，长可达40厘米。花果期6—9月。每荚含种子16～22粒，肾形，有红、黑、红褐、红白和黑白双色籽等，根系发达，根上生有粉红色根瘤。

豇豆是喜温耐热的豆类作物，故豇豆整个生育期需在无霜的气候条件下进行。豇豆对低温敏感，播种时土壤温度应在10℃以上，种子发芽最低温度要求10～12℃，发芽最适温度为25～28℃，植株生长最适温度为20～30℃，如气温低于10℃，生长缓慢，甚至停止生长。对于理想的产量而言，需要月平均温度20～30℃。豇豆最大干物质产量是在白天27℃、夜间22℃时获得的。一般而言，豇豆属于短日照作物，缩短光周期可降低花序着生节位，提早开花和结荚，从而增加产量。南方品种引入北方种植，开花期延迟；北方品种引入南方，开花期提早。豇豆有短日性、中日性和长日性3种类型，作为蔬菜栽培的长豇豆多属于中日性，对日照要求不甚严格，如‘红嘴燕’、‘之豇28～2’等品种，南方春、夏、秋三季均可栽培。在光强度上，豇豆较耐阴，因此常将豇豆与高粱、玉米等高秆作物间作或套种。但在开花期，充足的光照对豇豆的开花结荚有利。

豇豆对土壤的适应性较广，但以排水良好的沙质壤土、黏质壤土和壤土为

图 6-1　豇豆

好。土壤 pH 以 5.0～7.5 最适合，土壤湿度过大，过酸或过碱，均对根瘤菌生长不利，通气不好时根部呼吸会受到影响。因为有根瘤菌固氮，所以土壤不宜太肥，否则茎叶生长过旺，反而降低豆荚和豆粒产量，因此栽培豇豆以中等肥沃土壤为好。豇豆不宜连作，以间隔 2～3 年为好。

豇豆为主根系作物，根系发达，入土较深，吸水力强，叶面蒸腾较小，所以比较耐旱。普通豇豆多种在年降雨量 600～1 500 毫米的地区，在生育期内最好雨量中等，而且分布均匀；短荚豇豆生育期短，有限生长习性，可栽培在年降雨量小于 600 毫米的地区。虽然豇豆比较耐旱，但对普通豇豆和长豇豆而言，自发芽到开花，如缺少水分可明显降低产量；但雨量过多，或空气湿度过大，会发生大量真菌病害，导致减产。在苗期需水较少，应避免水分过多而发生徒长。开花结荚期需水较多，大雨后应注意排水，以防水涝使根系窒息或发生病害。个别地方品种比较耐湿，可在水稻之后种植。

豇豆若生长在温暖高湿的环境里的时间较长，则会助长病虫害的发生和发展，极大地影响豇豆的产量、质量和商品性。豇豆在栽培过程中的主要病害有炭疽病、锈病、煤霉病、根腐病、枯萎病和病毒病等，虫害主要有蚜虫、豇豆荚螟、红蜘蛛等。

任务二 选用良种

播种前选好种子，对全苗和产量至关重要。根据品种特性、生产力，选择高产、稳产、商品性好、早熟、抗病抗寒性强、适应性广、长势中等、分枝少、对光照要求不敏感、结荚期比较集中的品种，以满足播种的需要。豇豆喜温耐热，生长季节长，从晚春断霜后到早秋霜降来临前，按不同季节选择相应品种进行春、夏、秋三季栽培，以延长供应期。春季早熟栽培要选择日照要求不严格的品种，如'五月鲜'、'红嘴燕'、'之豇 28～2'等品种，春、夏、秋三季都可栽培。夏播的品种有'之豇 14'、'之豇 28'等，表现为产量高、稳产、结实率高，较耐旱；而'八月豇'、'盘香豇'、'江苏毛芋红'和'浙江512'等品种对日照要求严格，只能秋季栽培，在短日照条件下开花结荚，春、夏季栽培生长期延长，茎叶旺盛，结荚期推迟，产量不高。

豇豆留种可分夏播和秋播两种，留种株选择具备本品种特点、无病、结荚节位低、结荚集中而多的植株，成对种荚大小一致，籽粒排列整齐，以选留中部和下部的豆荚做种，及时去除上部豆荚，使籽粒丰满。当果荚种壁充分松软，表皮萎黄时即可采收，挂于室内阴干后脱粒，晒干后趁热将种子装入缸内，密封贮藏或在缸内滴入数滴敌敌畏和放置数粒樟脑丸密封贮藏，避免豆象为害。如少量种子，也可将豆荚挂于室内通风干燥处，不必脱粒，至翌年播种前取出后脱粒即可，种子生活力通常为 1～2 年。

任务三 整地作畦

一、土地选择

豇豆的根部较短，再生能力也较弱，所以需要种植在松软的土壤中。过于黏重不透气的土壤不仅会阻碍豇豆根部和根瘤菌的发育，还有可能使根部受伤或者发生病害死亡。豇豆最好能够生长在中性偏酸的土壤之中。因为土壤的酸碱性会影响豇豆对养分的吸收和利用的效率，所以为了达到高产的目的需要将 pH 维持在 6.2～7.0。豇豆对于水分有一定的要求，土壤中的含水量需要根据豇豆的生长情况来确定。土壤较干旱时需要增加水量，有积水则需要及时排出。只有这样才能够让豇豆更好地生长发育。

豇豆不宜连作，应注意轮作倒茬。适宜的茬口是水稻、谷子、糜子、高梁、马铃薯等。尤其是豇豆跟水稻进行水旱轮作的优势比较明显，一方面，有利于土壤营养物质被充分吸收利用，因为栽培豇豆施肥量大，收获后田间留下多种养分，在下茬栽培水稻时进一步分解、释放，有利于水稻高产，因此菜稻轮作对土壤养分吸收有互补作用，用养结合有利于优质高产；另一方面，有利于抑制蔬菜多种病虫草害，种植水稻后可抑制蔬菜多种病虫草害的发生，减少病虫基数，可大大节约农药投入，减少环境污染和劳动用工，提高无公害蔬菜的生产水平；除此之外还有利于降低土壤盐渍化危害，保护地覆盖条件下，若长期连作种植蔬菜，易造成连作障碍，通过种植水稻能起到压碱洗盐的作用，降低土壤盐渍化危害。

二、整地作畦

豇豆在播种前要整地，需要深耕 20～30 厘米，把原来的土质进行改良，使土壤水肥能力得到提高，空气得到疏通，为种子和幼苗生长提供良好的土壤环境条件，有利于幼苗出土，达到苗全苗壮。北方地区春播，应做到秋季深耕，春天播种前要浅耕、细耕。普通豇豆很少单作，如要套种应随主作物而定。豇豆在种植前应尽量将地整好。在整地时应配合施肥，亩施基肥 3 000 千克，过磷酸钙 25～30 千克，草木灰或砻糠灰 50～75 千克或硫酸钾 10～20 千克。酸性土壤可适当增施石灰 75～100 千克，然后将土打碎耙平做畦，畦宽 120～130 厘米，每畦两行，垄面宽 70 厘米，沟宽 40 厘米，沟深 25 厘米。

任务四　播　　种

一、播种时间

豇豆喜温耐热，植株生长适宜温度为 15～30℃，因此播种时间为 3—8 月均可。豇豆播种一般分为直播和育苗移栽两种方式。早春播种，若遇到长时间气温在 10℃以下低温及阴雨天，种子发芽慢，容易出现烂种与烂苗现象，幼苗生长缓慢，根部吸收受到影响，叶片出现黄叶和斑点等现象，当气温回升后，幼苗虽然能恢复生长，但产量会下降。因此，可采取通过大棚等设施内播种育苗移栽的办法，使产量提高上去，增加经济效益。4 月中旬以后可地膜直播，4 月底至 5 月上旬后即可露地直播。春夏播种可在 7 月上中旬进行。秋季播种在 7 月至 8 月上旬进行。

二、播种方法

种子播种前淘汰有病斑、霉变、机械损伤和裂皮的种子，选择有光泽、粒大饱满的种子，将经过筛选的种子晾晒1～2天，严禁暴晒。种子播种前宜用50%多菌灵可湿性粉剂拌种（药种比1∶200），可防治枯萎病和炭疽病，或用2%春雷霉素水剂500倍液浸种2～3小时，可防治细菌性病害。

按行株距要求采用机械播种或人工点播。根据墒情需要，播种前要浇足底水，然后锄松表土，在垄面两侧点种。每亩播种3 300～3 800穴，株距30～33厘米，深度3厘米左右，每穴3粒种子，每亩用种量1.5～2千克。然后铺地膜，出苗前不需浇水，否则会引起烂种。育苗移栽按照相同株行距挖穴定植，浇水后覆盖地膜。每畦根据直播或定植行距要求可铺好滴灌带，滴灌带放置可以是明铺或者膜下铺设，但要注意滴灌带出水口向上。有条件的地区可采用膜下滴灌肥水一体化技术，这是科学、高效的灌溉节肥方式，可有效降低真菌、细菌病害及虫害的发生。

任务五　田间管理

一、查苗补苗

豇豆直播或育苗移植都会出现缺苗的情况，因此田间查苗补苗工作非常重要。当豇豆的种子生出基生叶后，就要进行查苗。在检查的过程当中，如果发现基生叶脱落或者受到损伤，生长速度下降，就需要及时更换幼苗，需要注意替换的幼苗要提前进行培育。豇豆直播栽培，在幼苗第一对真叶展开时及时进行查苗补缺。拔除枯死苗、病弱苗，及时补种，保证全苗。间苗宜早不宜迟，一般应在1叶1心至2叶1心时进行。小苗生长至3～4片叶时，每穴定苗2株健壮苗即可。育苗移栽的，应在缓苗后进行查苗补苗，同时加强苗期管理。

二、中耕与除草

豇豆苗出齐或定植缓苗后至开花，一般每隔7～10天进行一次中耕除草。在开始抽蔓至搭架前，结合开沟施肥进行一次大培土。搭架后，植株尚小时，可适当进行浅中耕，当植株开花结荚后，则不宜再进行中耕松土，若有杂草，宜用手拔除。

三、水肥管理

豇豆的抗旱能力非常好，从定植到开花这段时间一般不需要补充太多水分，只需保持土壤不干燥便可，避免茎和叶子出现徒长。豇豆开花的时候通风量要加强，以降低湿度来改善授粉条件，防止花朵掉落，并且可以降低病害的发生概率。豇豆耐旱，南方春季雨水较多，不必灌水，而夏、秋两季高温干旱，应注意施肥灌水，以减少落花落荚，防止蔓叶早衰，延长结果提高产量。使用直播的播种方法，应在播种前一天将土壤浇透。若使用育苗移植的方法，则定植后的第1次灌水需浇透，否则会导致豇豆生长参差不齐。豇豆苗基本出齐后可灌水定根。出现花蕾后灌小水；第1节花序开花坐荚且3～4节花序显现后灌足头水；待中、下部豆荚伸长且中、上部花序出现时灌第2次水，到结荚期之后，视土壤干湿情况应进行灌水。豇豆抽蔓后，特别是开花结荚期，水量宜保持在田间最大持水量的60%～70%，空气相对湿度最好控制在70%～80%，雨水过多会明显降低豇豆的结荚率。因此，在雨天应做到及时排水。

豇豆的根系发达，但再生能力较弱，主根的入土深度一般在80～100厘米，群根主要分布在15～18厘米的耕层内，侧根稀少，根瘤也比较少，固氮能力相对较弱。在植株生长前期（开花结荚前），由于根瘤尚未充分发育，固氮能力弱，应该适量供应氮肥。开花结荚后，植株对磷、钾元素的需求量增加，根瘤菌的固氮能力增强，这段时间由于营养生长与生殖生长并进，对各种营养元素的需求量增加。研究表明，每形成100千克种子，约需氮5千克，磷1.7千克，钾4.8千点，钙1.6千克，锰1.5千克，硫0.4千克。豇豆生产上必须先施足基肥，再增施磷、钾肥，这是获得豇豆丰产的科学方法。豇豆施足基肥好处多，春季能提高土温，早发根、早成菌；夏季多雨不便追肥时，可以持续供给养分，不致脱肥早衰；秋季可加速植株稳长健长，早发早收，避开冻害。农谚“三追不如一底”，充分说明施足基肥的重要性。豇豆施足基肥后，幼苗期需肥量少，要控制水肥，尤其要注意氮肥的施用，以免茎叶徒长，分枝增加，开花结荚位升高，花序数减少，形成中下部空蔓不结荚。盛花结荚期需肥水多，必须重施结荚肥，促使开花结荚增多，防止早衰，提高产量。

豇豆在进入生长盛期后，可在苗期、花芽分化期、果实成熟期进行叶面施肥，补充磷、钾、硼和钼元素等豇豆生长所需的多种养分，防止早衰，促茎秆粗壮和生殖生长，促籽粒灌浆和转色增甜，改善叶色、果实光泽度和风味，提高豆荚品质。叶面施肥的优点：养分吸收快，肥效好；减少成本，方法简便；针对性强，能快速补充所需元素，效果明显。

四、搭架引蔓

豇豆抽蔓迅速，一般来说，当植株长到 25～30 厘米即将抽蔓时就应及时准备搭架引蔓，架型一般采用比较抗风的直插式，使用竹竿搭“人”字形架或耒状架为多，每穴一竿。插好后要及时人工辅助引蔓上架，最好选择晴天的午后进行，此时茎蔓较柔韧，不易在操作时被折断。按逆时针方向把蔓缠绕在竹竿上。此时需要及时用稻草将茎蔓定位在架竿上。植株满架前，一般需要人工辅助绕蔓 3～4 次。若使用设施栽培，除了竹竿搭架外，还可在棚顶按豇豆的种植方向拉铁丝，然后用塑料包装绳缠在铁丝上，将豇豆牵引上去。豇豆是靠主蔓结荚，修剪主蔓的第 1 花序下方的侧枝，以加强主蔓的花序数量和结荚数量，提高产量。

“人”字形架：架高 2.2～2.3 米，每穴插 1 根，并向内稍倾斜，每两根相交，上部交叉处放竹竿作横梁，呈“人”字形，交叉处用塑料绳扎紧，以增加抗倒伏性，防止大风吹倒支架影响产量（图 6-2）。

图 6-2　豇豆“人”字形架

耒状架：将相对应的四穴架竿绑在一起，耒状架的缺点是顶部捆束处易相互缠绕，影响叶蔓的合理分布，降低光合效率。为节约竹子、人力和工时，可采取搭架加吊绳引蔓的搭架方式，减少成本。如在大棚内种植豇豆，可在大棚顶部用直径为 5 毫米规格的尼龙绳连接固定，两端用木桩将绳斜拉固定或挂在大棚内部框架上，用尼龙绳引蔓。为提高搭架的牢固性，一般每垄长度控制在 15～20 米。

五、整枝打杈

整枝能调节豇豆生长和结荚，减少养分消耗，改善通风并透光，有利于早开花结荚，提早收获上市。整枝方法有：①抹底芽。为使主蔓粗壮且花序早开花结荚，当主蔓第1花序以下的侧芽长至3厘米左右时应及时彻底摘除。②打腰枝。对主蔓第1花序以上各节位的侧枝摘心，留1～3叶，保留侧枝花序以增加结荚部位。第1次产量高峰后，对叶腋间新萌生的侧枝（二茬蔓）也按此操作打群尖。对于侧蔓结荚型品种，第1花序以上的侧枝采用相同操作，而侧枝可按品种特性适当选留。③主蔓摘心。当主蔓长出第1个花序时，花序以下的侧枝应全部摘除，花序以上的侧枝要进行摘心；当主蔓长15～20节，达200～230厘米时摘心封顶，以控制株高，促进下部节位花芽的形成和发育，维持良好光照。矮生豇豆可以在主枝30厘米高时摘心，以促进侧枝发生和早熟。④摘老叶老枝。在豇豆生长盛期，如果底部通风透光不良，则易引起后期落花落荚。因此可分次剪除下部老叶。在豇豆生长后期，要注意剪除老化的枝蔓，促进新生蔓的生长，提高后期产量。

六、及时采收

豇豆采收青荚做菜用时，一般在开花后10～20天豆粒略鼓时开始，隔4～5天采摘一次，盛荚期内隔1～2天可采摘一次。采摘时留荚基部1厘米左右，切勿碰伤小花蕾，以利后期荚果正常发育。采收嫩荚宜在傍晚进行，严格掌握采收标准，可保证每次采收的荚果粗细一致，提高商品价值。收干籽粒的普通豇豆，当田间果荚有3/4变黄成熟时为适宜的收获期，应及时采摘，晒干脱粒，清选后即可保存。保存期间注意防治豆象。

任务六　识别与防治病虫害

一、识别与防治豇豆锈病

病原菌为单胞锈菌。豇豆锈病多发生在生长中后期，主要为害叶片，重者茎蔓、叶柄和种荚也可受害。秋季多雨年份常易引起此病流行，长期连作、地势低洼、种植过密等均能加重发病程度。发病初期，叶背面产生淡黄色的小斑点，后变为褐色隆起病斑（图6-3），以后发展扩大成为红褐色孢子堆，到后期孢子堆变黑色，致使叶片变形、早落。

图 6-3　豇豆锈病

夏秋多雨季节常发生。生长期间，锈病菌主要以夏孢子重复侵染为害，夏孢子萌发产生芽管，从气孔侵入，形成夏孢子堆后，又散出夏孢子，通过气流传播进行侵染。在豇豆生长后期或环境条件不适宜时，在受害部位产生黑色冬孢子堆。寄主表皮上的水滴是锈病菌萌发和侵入的必要条件。病菌喜温暖高湿环境，发病最适宜温度为 23～27℃，相对湿度 95%以上。高温、多雨、潮湿的天气，尤其是早晚露重雾大有利于锈病的流行。种植地土质黏重，低洼和排水不良或种植过密、通风不良，过多施用氮肥，都利于诱发锈病。

防治方法：

（1）农业防治。注意避免前期氮肥施用过多，还要合理密植，及时清除田间病残体。实行轮作，春秋茬豆地要隔离，采收后立即清洁田园，清除并销毁病残体，促使夏孢子死亡，减少菌源。因地制宜引种早熟抗病品种，适当早播，使收获盛期避开雨季，可减轻发病。采取一切可行措施降低田间湿度，适当增施磷钾肥，提高植株抗性。

（2）药剂防治。发病初期喷药，可选用 70%硫黄·锰锌（42%硫黄＋28%代森锰锌）可湿性粉剂 214～286 克/亩，或 29%吡萘·嘧菌酯（11.2%吡唑萘菌胺＋17.8%嘧菌酯）悬浮剂 45～60 毫升/亩，或 40%腈菌唑可湿性粉剂 13～20 克/亩，或 10%苯醚甲环唑水分散粒剂 80～108 克/亩喷雾，交替轮换用药，每隔 7～10 天喷施 1 次，连续防治 2～3 次。

二、识别与防治豇豆煤霉病

病原菌为真菌半知菌亚门的菜豆假尾孢菌。该病在豇豆收获前发病最重，主要为害叶片，引起落叶，也可侵染茎蔓和豆荚。病斑初起为不明显的近圆形黄绿色斑，继而黄绿斑中出现由少到多、叶两面着生的紫褐色或紫红色小点，后扩大为近圆形或受较大叶脉限制而呈多角形的紫褐色病斑，病斑边缘不明显。湿度大时病斑表面生暗灰色或灰黑色煤烟状霉（图 6-4），尤以叶背密集。病害严重时，病叶卷曲、干枯早落，仅存梢部幼嫩叶片。

图 6-4　豇豆煤霉病

病菌以菌丝体和分生孢子随病残体在土壤中越冬。环境条件适宜时，在菌丝体产生分生孢子，通过气流传播进行初侵染，然后在受害部位产生新生代分生孢子，进行多次再侵染。病菌喜高温高湿的环境，适宜发育温度为 7～35℃，田间发病最适温度为 25～32℃，相对湿度为 90%～100%，田间高温高湿或多雨是发病的主要条件，连作地发病较严重。

防治方法：

（1）农业防治。加强苗期管理，及时间苗，出苗后及时喷施新高脂膜防止病菌侵染，提高抗自然灾害能力，提高光合作用强度，保护幼苗茁壮成长。

（2）药剂防治。在豇豆生长期中，用 80%代森锰锌 500 倍液进行保护性预防。发病初期，可用 30%嘧菌·腐霉利（6.3%嘧菌酯＋23.7%腐霉利）悬浮剂 100～110 毫升/亩，或 25%宁南·嘧菌酯（5%宁南霉素＋20%嘧菌酯）悬浮剂 30～40 毫升/亩，或 50%腐霉利可湿性粉剂 1 000～2 000 倍液，或 70%甲基硫菌灵 800～1 000 倍液喷雾。每隔 7～10 天喷施 1 次，交替轮换用药，连续喷施 2～3 次。

三、识别与防治豇豆细菌性疫病

该病为细菌引起的病害，病原菌为黄单胞菌。主要为害叶片部位（图 6-5），也为害茎蔓和豆荚。在潮湿条件下，发病部位常有黄色菌脓溢出。病苗出土后，子叶呈红褐色溃疡状，或在着生小叶的节上及第 2 片叶柄基部产生水渍状斑，扩大后为红褐色，病斑绕茎扩展，幼苗即折断干枯。

病菌在种子内或随病残体留在地上越冬。通过风雨、昆虫、人畜等传播，从气孔侵入。高温、高湿、大雾、结露容易发病。夏秋天气闷热，连续阴雨、雨后骤晴等病情发展迅速。管理粗放、偏施氮肥，大水漫灌、杂草丛生、虫害严重、植株长势差等，均适宜病害的发生。

图 6-5　豇豆细菌性疫病

防治方法：

（1）农业防治。选择排灌条件较好的地块，与非豆科作物实行 2～3 年轮作，最好与白菜、菠菜、葱蒜类作物轮作。及时摘除病叶、病荚，清除病株残体，彻底销毁；加强栽培管理，采用高畦定植，地膜覆盖，避免田间湿度过大，减少田间结露的条件。适时播种，合理密植。科学肥水管理，及时防治病、虫、草害，增加植株抗性。

（2）药剂防治。发现零星病斑时及时喷药，优先选用 32.5%苯甲・嘧菌酯（12.5%苯醚甲环唑+20%嘧菌酯）水分散粒剂 30～50 毫升/亩，或 40%乙嘧酚・醚菌酯（20%乙嘧酚+20%醚菌酯）悬浮剂 20～40 毫升/亩，或 72%霜脲・锰锌（8%霜脲氰+64%代森锰锌）可湿性粉剂 133～167 克/亩，每隔 7～10 天喷施 1 次，交替轮换用药，连续防治 2～3 次。

四、识别与防治豇豆根腐病

病原菌为菜豆腐皮镰孢菌。病菌主要侵染根部和茎基部（图 6-6），一般出苗后 7 天开始发病，生长 3～4 周进入发病高峰。早期症状不明显，直到开花结荚期植株较矮小，先是植株下部叶片从叶缘开始变黄枯萎，一般不脱落，病部产生褐色或黑色斑点，多由侧根蔓延至主根，使整个根系腐烂或坏死，病株容易拔出。纵剖病根，维管束呈红褐色，病情扩展后向茎部延伸，主根全部发病后，地上部茎叶萎蔫或枯死。在潮湿条件下，病株茎基部长有粉红色霉状物，即病菌的分生孢子。

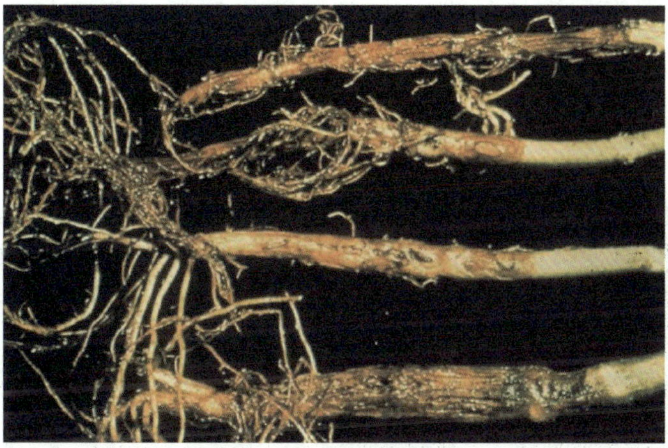

图 6-6　豇豆根腐病

病菌可在病残体、厩肥和土壤中多年存活，无寄主时也可存活 10 年以上。该病种子不携带病菌，侵染源主要为土壤、病残体和带菌的有机肥。病菌接触长势弱的植株根部进行侵染，从寄主的地下伤口入侵，导致根部皮层腐烂。分生孢子通过农事作业、雨水和灌溉水等传播蔓延，生长季节只要条件适合，可连续多次进行侵染。该病的发生与温度、湿度关系密切，温度为 24～28℃、相对湿度 80%时有利于该病发生流行。

防治方法：

（1）农业防治。注意及时清除病残体，与十字花科、百合科实行 2～3 年轮作，减少土壤中的病原残体。注意通风透气排水，采取高畦深沟栽培，降低田间湿度，提高地温，促进根系发育，增强抗病能力。

（2）药剂防治。该病为土传病害，一定要提前灌药预防，发病后用药效果差。在发病前或发病初期，可使用 50%硫黄·多菌灵（35%硫黄＋15%多菌灵）可湿性粉剂 80～120 克/亩，或 50%甲基硫菌灵可湿性粉剂 60～80 克/亩，或 70%敌克松可溶性粉剂 0.25～0.5 千克/亩兑水喷淋或浇灌，每亩用 60～65 升或每株浇灌兑好的药液 400 毫升，隔 10 天左右施用 1 次，连续防治 2～3 次。

五、识别与防治豇豆枯萎病

病原菌为尖镰孢菌。该病主要为害根系，通过维管束造成系统侵染，使豇豆整株枯萎（图 6-7），湿度大时病部表面可产生粉红色霉层。一般花期开始发病，结荚期可造成植株大量枯死。发病植株下部叶片先变黄，病叶叶脉变褐，叶肉发黄，继而全叶干枯或脱落。植株感染初期可见地上部分一侧叶片萎蔫，早晚间可恢复，数天后整株枯死，茎基部变黑褐色，根部腐烂。病株根变色，侧根少。植株结荚显著减少，豆荚背部及腹缝合线变黄褐色，全株渐枯死。剖视病株茎部和根部，内部维管束变红褐色至黑褐色，严重时外部变黑褐色，根部腐烂。

图 6-7　豇豆枯萎病

病原菌借助灌溉水、农具、施肥等传播，从伤口或根冠侵入，在维管束组织中产生菌丝，菌丝分泌出毒素或堵塞导管，导致细胞死亡或植株萎蔫，后形成厚垣孢子在土壤中越冬。病菌生长发育适宜温度为 27～30℃，相对湿度为 70％以上。如遇多雨，病害易流行。低洼潮湿地或大水漫灌往往发病严重。

防治方法：

（1）农业防治。选用抗（耐）病品种，合理轮作换茬，与非豆科作物实行 2～3 年轮作，水旱轮作效果最佳。采取高畦、深沟种植。施用腐熟有机肥，增施磷钾肥。雨后及时排水，降低田间湿度。

（2）药剂防治。发病初期，可选用 70％甲基硫菌灵可湿性粉剂 500～1 000 倍液，或 80％多菌灵可湿性粉剂 800 倍液，或 10％苯醚甲环唑水分散粒剂 300～600 倍液，或 15％恶霉灵水剂 450 倍液，或 50％异菌脲可湿性粉剂 1 500 倍液灌根，每株灌根 150～200 毫升。每隔 10～15 天喷施 1 次，连续防治 2～3 次。

六、识别与防治豇豆灰霉病

病原菌为灰葡萄孢菌，属半知菌亚门真菌。豇豆叶、茎、花、荚果均可染病。一般根茎部向上先显症，初现深褐色，中部淡棕色或浅黄色，干燥时病斑表皮破裂形成纤维状，湿度大时上生灰色霉层（图 6-8）。有时病菌从茎蔓分枝处侵入，致病部形成凹陷水渍斑，后萎蔫。苗期子叶染病呈水渍状变软下垂，后叶缘长出白灰色霉层，即病菌分生孢子梗和分生孢子。叶片染病，形成较大的轮纹斑，后期易破裂。荚果染病先侵染败落的花，后扩展到荚果，病斑初淡褐至褐色，后软腐，表面生灰霉。

图 6-8 豇豆灰霉病

以菌丝、菌核或分生孢子越夏或越冬。越冬的病菌以菌丝在病残体中生存，不断产出分生孢子进行再侵染。条件不适病部产生菌核，在田间存活期较长，遇到适合条件，即长出菌丝直接侵入或产生孢子借雨水溅射或随病残体、水流、气流、农具及衣物传播。腐烂的病荚、病叶、病卷须、败落的病花落在健部即可发病。菌丝生长最适温度13～21℃，高于21℃其生长量随温度升高而减少，28℃时锐减。生产上在有病菌存活的条件下，只要具备高湿和20℃左右的温度条件，病害易流行。病菌危害期长，菌量大，防治比较困难。

防治方法：

(1) 农业防治。选用抗病品种，与葱蒜类蔬菜、禾本科等作物实行2～3年以上的轮作。高垄栽培，合理密植，移栽时要施足底肥。在开花期可用叶面肥喷施，以达到既能促进植株健壮生长，又能控制徒长的目的。雨后及时排水，降低土壤含水量和田间湿度。豇豆播种前、生长期、收获结束后要随时清理田园，将病部及时摘除，带出田外深埋，减少病害传播和蔓延。

(2) 药剂防治。发现零星病株时即喷药防治。可选用25%腐霉·福美双(5%腐霉利+20%福美双)可湿性粉剂60～80克/亩，或30%嘧菌·腐霉利(6.3%嘧菌酯+23.7%腐霉利)悬浮剂100～110毫升/亩，或50%硫黄·多菌灵(20%硫黄+30%多菌灵)可湿性粉剂135～166克/亩等喷雾防治。每隔7～10天喷施1次，交替轮换用药，连续防治2～3次。

七、识别与防治豇豆荚螟

豇豆荚螟(*Maruca testulalis* Geyer)，又名豇豆螟、豇豆野螟、豇豆蛀野螟、豆野螟、豆螟蛾、大豆螟蛾等，属鳞翅目螟蛾科，是豇豆生产上的重要害虫。豇豆荚螟幼虫在豆荚内蛀食豆粒（图 6-9），被害籽粒重则被蛀空，或导致豆荚腐烂，影响产量和品质；也可为害叶片和花蕾，造成卷叶、落花和落荚。一般为害虫荚率可达 15%～20%，严重可达 70%左右，严重影响豇豆的产量和商品价值。

在海南，豇豆荚螟年生 7 代以上，以蛹在土中越冬，每年 6—10 月为幼虫主要为害期。成虫有趋光性，卵散产于嫩荚、花蕾和叶柄上，卵期 2～3 天。幼虫共 5 龄，为害豆叶花及豆荚，常卷叶为害或蛀入荚内取食幼嫩的种粒，荚内蛀孔外堆积粪粒。初孵幼虫蛀入嫩荚或花蕾取食，造成蕾、荚脱落；3 龄后蛀入荚内食害豆粒，每荚 1 头幼虫，少数 2～3 头，被害荚在雨后常致腐烂。幼虫也常吐丝缀叶为害。受害豆荚味苦，不能食用。豇豆荚螟对温度适应范围广，7～31℃都能发育，但最适温为 28℃，相对湿度为 80%～85%。

图 6-9　豇豆荚螟

防治方法：

（1）农业防治。做好田间清洁。及时清除田间落花、落荚，并摘除被害的卷叶和豆荚，减少虫源。另外，根据豆荚螟喜欢干燥环境的特点，可在花期和结荚期在不影响其正常生长的情况下多浇水或灌水，增加土壤和田间湿度，创造不利于该虫发生的田间小气候。

（2）生物防治。可使用白僵菌、苏云金杆菌、棉铃虫核型多角体病毒 SC、斜纹夜蛾核型多角体病毒 SC 等生物农药喷雾防治豆荚螟，防治时期以在二龄幼虫盛期喷施药剂效果最佳，每隔 7 天喷 1 次，连续喷几次。

（3）药剂防治。药剂防治须在幼虫孵化后蛀入花蕾及嫩荚前施用。可使用药剂于盛花期黄昏喷施，选用 30%茚虫威水分散粒剂 6～9 克/亩，14%氯虫·高氯氟微囊悬浮剂 10～20 毫升/亩，或 4.5%高效氯氟氰菊酯乳油 30～40 毫升/亩。喷施重点为花蕾和嫩荚。若虫口密度大，每隔 5～7 天喷 1 次，连续防治 2～3 次，交替轮换用药，注意用药安全间隔期。

八、识别与防治豆蚜

豆蚜（*Aphis craccivora* Koch），又称苜宿蚜、花生蚜，属同翅目蚜科，是豇豆种植普遍发生的害虫之一。成、若蚜群集于豇豆嫩茎、幼芽、顶端嫩叶、心叶、花器及荚果等处吸取汁液和繁殖为害（图 6-10），被害叶片卷缩变形，生长停滞，分泌的蜜露引起叶片发生煤污病，使叶片表面铺满一层黑色霉菌，影响光合作用，结荚减少，严重时影响生长，甚至植株不能正常开花、结荚，造成减产。此外，豆蚜还可传播多种植物病毒病，传毒所造成的危害远远大于蚜虫本身的危害。

图 6-10　豇豆豆蚜

在适宜的环境条件下，每头雌蚜寿命可长达 10 天以上，平均胎生若蚜 100 多头。全年有 2 个发生高峰期，春季 5—6 月、秋季 10—11 月，这两个时期适宜豆蚜生长、发育、繁殖。豆蚜生长温度范围为 8～35℃，最适环境温度为 22～26℃，相对湿度 60%～70%。

防治方法：

（1）农业防治。使用抗虫品种，及时清除田间杂草，减少虫源。

（2）生物防治。保护和利用天敌，发挥自然控制作用，包括蚜小蜂、食蚜蝇、瓢虫、草蛉等。

（3）药剂防治。在田间蚜虫点片发生阶段要重视早期防治，用药间隔期 7～10 天，连续用药 2～3 次。可选用 0.6%乙基多杀菌素悬浮剂 10～20 毫升/亩，或 10%多杀霉素悬浮剂 12.5～15 毫升/亩，或 10%啶虫脒乳油 15～20 毫升/亩，或 10%溴氰虫酰胺可分散悬浮剂 33.3～40 毫升/亩，或 45%吡虫啉·虫螨腈悬浮剂 15～20 毫升/亩等叶面喷雾，视虫情每隔 7～10 天防治 1 次，交替轮换用药。

九、识别与防治朱砂叶螨

朱砂叶螨（*Tetranychus cinnabarinus*），又称红蜘蛛、棉叶螨、红叶螨，

属蜱螨目叶螨科叶螨属。该虫是豇豆生产上的主要害虫，尤其进入高温条件下更容易大发生。朱砂叶螨以幼螨、若螨、成螨在叶背吸食寄主汁液，致叶片上出现褪绿斑点，以后逐渐变成灰白色或红色斑（图6-11），严重时叶片焦枯脱落，似火烧状，叶片全部脱落，造成光杆，只能重播或改种其他作物。豇豆在中后期严重受害时，会造成落叶、落花、落荚，影响产量。

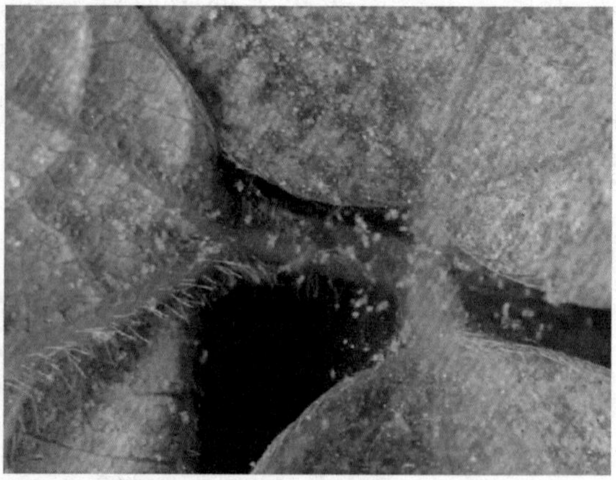

图 6-11　豇豆朱砂叶螨

朱砂叶螨每年发生 10～20 代，气温达 10℃以上朱砂叶螨即可大量繁殖。最适宜生存温度为 25～30℃，最适宜湿度为 35%～55%，因此干旱季节较有利于其发生，暴雨对其有抑制作用。朱砂叶螨先为害下部叶片，后逐渐向上蔓延。繁殖数量过多时，常在叶端群集成团，滚落地面，被风刮走，向四周爬行扩散。

防治方法：

（1）农业防治。实行因地制宜轮作，减少虫源；铲除杂草，改变农田环境条件；结合整枝打老叶，及时摘除有虫苗株，带出田外集中处理，可以减少虫源；合理施肥，施足基肥，适时追肥，可确保豇豆植株旺盛生长。

（2）生物防治。保护利用自然天敌，以螨治螨，如人工释放捕食螨；以虫治螨，如人工释放食螨瓢虫；以菌治螨，如白僵菌。

（3）药剂防治。在朱砂叶螨低龄幼虫期或卵孵化盛期施用，选用 20%哒螨灵可湿性粉 1 500 倍液等喷雾，可加入 99%SK 矿物油 400 倍液提高防治效果，或 45%吡虫啉·虫螨腈悬浮剂 15～20 毫升/亩，或 30%虫螨·噻虫嗪悬浮剂 30～40 毫升/亩等喷雾。注意应喷施到叶面叶背以保证防效，每隔 7～8 天施药 1 次，交替轮换用药，注意用药安全间隔期。

●课外小知识

豇豆美食

豇豆炒肉末：肉末200克，大蒜2瓣，小米椒3个，豇豆250克。肉末加2勺料酒、1勺生抽、1勺淀粉拌匀腌制10分钟，小米椒切小段，大蒜剁成蒜末，豇豆切成小段。锅中放油，将肉末放锅中炒至微黄，盛出来备用。锅中热油，大蒜炒香，放豇豆炒熟，加1勺耗油、1勺生抽上色，加肉末、半勺盐，起锅前加小米椒，淀粉勾芡翻炒入味即可。

凉拌豇豆：新鲜豇豆250克洗净切段。水中加入适量的盐、少量的油煮沸，加入豇豆，大火焯3～5分钟。捞出焯好的豇豆，放入凉开水过凉，保持色泽和口感。加入1勺糖、2勺醋、2勺生抽、适量香油、花椒油、油辣子、蒜末、小米椒，调拌均匀即可。

椒盐豇豆：豇豆250克切段，水开焯熟。2个鸡蛋，1勺面粉，适量盐，搅拌成面糊。将焯熟的豇豆裹上面糊，六成油温下锅炸1分钟。撒上烤肉蘸料即可。

实践活动

请同学们调查当地豇豆生产中存在的问题。

思考题

1. 豇豆种植选择良种的依据是什么？
2. 简述种植豇豆对土地的要求及如何进行整地施肥。
3. 针对豇豆不同的生长发育期，该如何进行水分管理？
4. 豇豆生长过程中为什么要进行整枝打杈，具体方法是什么？
5. 防治豇豆细菌性疫病的方法有哪些？

参考文献

陈红霖，田静，朱振东，等.2021. 中国食用豆产业和种业发展现状与未来展望［J］. 中国农业科学，54（03）：493-503.

陈梅，梁忠义.2018. 豇豆优质栽培技术［J］. 江西农业，（16）：1.

陈新.2012. 豆类蔬菜生产配套技术手册［M］. 北京：中国农业出版社.

陈新.2015. 豇豆生产技术［M］. 北京：北京教育出版社.

陈燕羽.2021. 豇豆高效栽培与病虫害绿色防控［M］. 北京：中国农业出版社.

程须珍，王述民.2009. 中国食用豆类品种志［M］. 北京：中国农业科学技术出版社.

程须珍.2011. 绿豆栽培技术指南［M］. 北京：人民邮电出版社.

冯钰，王桂梅.2019. 绿豆常见病虫害及防治技术研究［J］. 安徽农学通报，25（16）：3.

盖钧镒，金文林.1994. 我国食用豆类生产现状与发展策略［J］. 作物杂志，（04）：3-4.

郭永田.2014. 中国食用豆产业的经济分析［D］. 武汉：华中农业大学.

胡云宇，许彦蓉.2021. 绿豆优质丰产栽培技术［M］. 吉林：吉林科学技术出版社.

李丹永.2021. 豆角高产栽培技术规程［J］. 农村百事通，（03）：44.

刘皓.2021. 浅析菜豆角的高产栽培技术［J］. 农民致富之友，（14）：1.

刘江利，任引峰.2022. 豇豆高产栽培技术［J］. 西北园艺，（01）：13-14.

刘云奎.2016. 绿豆高产栽培与病虫害防治技术［J］. 农业技术与装备，（05）：61-63.

孟令群 . 2022. 绿豆种植技术要点及病虫害防治措施［J］. 农民致富之友，(07)：1.

齐月 . 2018. 论绿豆高产栽培技术［J］. 农民致富之友，(16)：1.

尚德勇，韩慧兰，张玉明 . 2010. 无公害豇豆病虫害防治技术［J］. 中国果菜，(07)：31-31.

宋伟，石聪，胡森 . 2021. 绿色食品豇豆栽培技术［J］. 河南农业，(10)：2.

涂传勇 . 2021. 豆角无公害高产栽培技术［J］. 乡村科技，12 (30)：2.

王艳春 . 2016. 绿豆田间管理技术措施［J］. 农村实用科技信息，(04)：29-29.

邢后银，滕宏飞，王常春 . 2009. 水稻-豇豆水旱轮作栽培效益高［J］. 科学种养，(06)：2.

薛传兵 . 2014. 无公害豇豆病虫害防治技术探讨［J］. 农技服务，31 (006)：115-116.

杨俊 . 2017. 探析提高绿豆高产的田间管理［J］. 读书文摘，(07).

袁星星 . 2020. 食用豆优质高效绿色生产技术［M］. 南京：江苏凤凰科学技术出版社 .

张青霞，宁幸莲 . 2006. 绿豆栽培技术［J］. 山西农业：农业科技版，(08)：1.

郑卓杰 . 1997. 中国食用豆类学 . 北京：中国农业出版社 .

朱振东，段灿星 . 2012. 绿豆病虫害鉴定与防治手册［M］. 北京：中国农业科学技术出版社 .

严晓平，穆振亚，李丹丹，等 . 2018. 硫酰氟防治储粮害虫研究和应用进展［J］. 粮食储藏，47 (4)：5.